T0254634

Fachwissen Technische Akustik

Diese Reihe behandelt die physikalischen und physiologischen Grundlagen der Technischen Akustik, Probleme der Maschinen- und Raumakustik sowie die akustische Messtechnik. Vorgestellt werden die in der Technischen Akustik nutzbaren numerischen Methoden einschließlich der Normen und Richtlinien, die bei der täglichen Arbeit auf diesen Gebieten benötigt werden.

Gerhard Müller • Michael Möser

Herausgeber

Strömungsgeräusche

Springer Vieweg

Herausgeber
Gerhard Müller
Lehrstuhl für Baumechanik
Technische Universität München
München, Deutschland

Michael Möser
Institut für Technische Akustik
Technische Universität Berlin
Berlin, Deutschland

Fachwissen Technische Akustik
ISBN 978-3-662-55437-1   ISBN 978-3-662-55438-8 (eBook)
DOI 10.1007/978-3-662-55438-8

Die Deutsche Nationalbibliothek verzeichnet diese Publikation in der Deutschen Nationalbibliografie;
detaillierte bibliografische Daten sind im Internet über http://dnb.d-nb.de abrufbar.

Springer Vieweg
© Springer-Verlag GmbH Deutschland 2017, korrigierte Publikation 2019
Dieser Beitrag wurde zuerst veröffentlicht in: G. Müller, M. Möser (Hrsg.), Taschenbuch der
Technischen Akustik, Springer Nachschlagewissen, Springer-Verlag Berlin Heidelberg 2015, DOI
10.1007/978-3-662-43966-1_22-1

Gedruckt auf säurefreiem und chlorfrei gebleichtem Papier

Springer Vieweg ist Teil von Springer Nature
Die eingetragene Gesellschaft ist Springer-Verlag GmbH Deutschland
Die Anschrift der Gesellschaft ist: Heidelberger Platz 3, 14197 Berlin, Germany

Inhaltsverzeichnis

Autorenverzeichnis

Klaus R. Fritz Penzberg, Deutschland

Carl-Christian Hantschk Müller-BBM GmbH, Planegg, Deutschland

Stephan Heim Niederlassung Gelsenkirchen, Gelsenkirchen, Deutschland

Herbert Nürnberger Bruckmühl, Deutschland

Edwin Schorer Müller-BBM GmbH, Planegg, Deutschland

Burkhard Stüber Seehausen, Deutschland

Dieter Vortmeyer München, Deutschland

Strömungsgeräusche

Burkhard Stüber, Klaus R. Fritz, Carl-Christian Hantschk, Stephan Heim, Herbert Nürnberger, Edwin Schorer und Dieter Vortmeyer

Zusammenfassung

In diesem Beitrag werden Schallquellen behandelt, bei denen die Schallentstehung auf aerodynamische bzw. hydrodynamische Strömungsvorgänge zurückzuführen ist oder bei denen Strömungsvorgänge zumindest eine wesentliche Einflussgröße darstellen. Zunächst soll die Schallentstehung durch Strömungen an einigen typischen Beispielen erläutert werden.

Die Originalversion dieses Kapitels wurde korrigiert. Ein Erratum finden Sie unter https://doi.org/10.1007/978-3-662-55438-8_23

B. Stüber (✉)
Seehausen, Deutschland
E-Mail: Burkhard.Stueber@t-online.de

K.R. Fritz
Penzberg, Deutschland
E-Mail: KRFritz@t-online.de

C.-C. Hantschk • E. Schorer
Müller-BBM GmbH, Planegg, Deutschland
E-Mail: Carl-Christian.Hantschk@mbbm.com; Edwin.Schorer@mbbm.com

S. Heim
Niederlassung Gelsenkirchen, Gelsenkirchen, Deutschland
E-Mail: Stephan.Heim@mbbm.com

H. Nürnberger
Bruckmühl, Deutschland
E-Mail: duh.nuernberger@web.de

D. Vortmeyer
München, Deutschland

1 Schallentstehung durch Strömungen

1.1 Quellterme

Aus der Lösung der Lighthill'schen Gleichung ergibt sich, dass ein durch Unterschallströmungen erzeugtes Schallfeld aus einer Verteilung von Elementarstrahlern mit Monopol-, Dipol- und Quadrupolcharakter aufgebaut werden kann (siehe erstes, zweites und drittes Integral in der Gl. (22) in Kap. „Fluglärm").

Als **Monopolquellen** bezeichnet man solche, bei denen ein zeitlich veränderlicher Volumenfluss für die Schallentstehung verantwortlich ist, z. B. eine pulsierende Ausströmung oder eine zusammenfallende Kavitationsblase.

Bei **Dipolquellen** wird im Raummittel zu keiner Zeit Volumen zugeführt. Es sind jedoch Wechselkräfte vorhanden, z. B. an der Oberfläche angeströmter starrer Körper, verursacht durch die

Wirbelablösung oder durch Ungleichmäßigkeiten der Anströmung.

Falls sich, wie das bei freien Wirbelpaaren oder freier Turbulenz der Fall ist, auch alle Wechselkräfte kompensieren, haben die Schallquellen **Quadrupolcharakter**.

Im Folgenden werden die Schallleistungen P verschiedener Schallquellen miteinander verglichen, und zwar atmende Kugel und atmender Zylinder sowie Quellen, die aus Punktkräften und Linienkräften bestehen. Die Länge l des atmenden Zylinders und der Linienkräfte sei groß zur Schallwellenlänge, d. h. $k_0 l \gg 1$. Dabei sind:

$q(t) = q_0\, e^{i\omega t}$ Volumenfluss in m³/s,
$F(t) = F_0\, e^{i\omega t}$ Kraft in N,

ω Kreisfrequenz in Hz,
t Zeit in s,
c Schallgeschwindigkeit im Strömungsfeld in m/s,
ρ Dichte des Strömungsmediums in kg/m³,
$k_0 = \omega/c$ Wellenzahl,
l Zylinderlänge in m,
Δr Abstand zwischen den Punkt- bzw. den Linienkräften in m,
a Radius der atmenden Kugel bzw. des atmenden Zylinders.

Monopol atmende Kugel mit $k_0\, a \ll 1$ (3-dimensionale Quelle):

$$P = \frac{\rho c}{8\pi}\, q_0^2\, k_0^2 \tag{1a}$$

atmende Kugel mit $k_0\, a \gg 1$ (1-dimensionale Quelle):

$$P = \frac{\rho c}{8\pi}\, q_0^2\, k_0^2\, \frac{1}{k_0^2 a^2} \tag{1b}$$

atmender Zylinder mit $k_0\, l \gg 1$ und $k_0\, a \ll 1$ (2-dimensionale Quelle):

$$P = \frac{\rho c}{8\pi}\, q_0^2\, k_0^2\, \frac{\pi}{k_0 l} \tag{2a}$$

atmender Zylinder mit $k_0\, l \gg 1$ und $k_0\, a \gg 1$ (1-dimensionale Quelle):

$$P = \frac{\rho c}{8\pi}\, q_0^2\, k_0^2\, \frac{\pi}{k_0 l}\, \frac{2}{\pi k_0 a} \tag{2b}$$

Dipol Punktkraft (3-dimensionale Quelle):

$$P = \frac{1}{12\pi}\, \frac{F_0^2}{\rho c}\, k_0^2 \tag{3}$$

Linienkraft mit $k_0\, l \gg 1$ (2-dimensionale Quelle):

$$P = \frac{1}{12\pi}\, \frac{F_0^2}{\rho c}\, k_0^2\, \frac{3\pi}{2 k_0 l} \tag{4}$$

Lateraler Quadrupol parallele Punktkräfte mit $k_0\, \Delta r \ll 1$ (3-dimensionale Quelle):

$$P = \frac{1}{60\pi}\, \frac{F_0^2}{\rho c}\, (k_0\, \Delta r)^2\, k_0^2 \tag{5}$$

parallele Linienkräfte mit $k_0\, \Delta r \ll 1$ und mit $k_0\, l \gg 1$ (2-dimensionale Quelle):

$$P = \frac{1}{60\pi}\, \frac{F_0^2}{\rho c}\, (k_0\, \Delta r)^2\, k_0^2\, \frac{15\pi}{8 k_0 l} \tag{6}$$

Dimensionsbetrachtungen ergeben, dass für die Schallleistung P der drei verschiedenen Elementarquellen mit folgenden Geschwindigkeitsabhängigkeiten zu rechnen ist, wenn die das Geräuschverhalten kennzeichnende typische Kreisfrequenz ω (bzw. k_0) und die Geschwindigkeit u (z. B. typische Strömungsgeschwindigkeit) zueinander proportional sind, wenn die Quellen „kompakt" sind und wenn außerdem für den Volumenfluss und für die Kraft folgende Proportionalitäten gelten $q_0 \sim u$ und $F_0 \sim u^2$:

2-dimensionale Strömung

$$P \sim \rho\, c^3 \cdot M^{2m+1} \tag{7}$$

3-dimensionale Strömung:

$$P \sim \rho\, c^3 \cdot M^{2m+2} \tag{8}$$

$m = 1$ *Volumenfluss (Monopol)*
$m = 2$ *Wechselkraft (Dipol)*
$m = 3$ *freie Wirbel (Quadrupol)*

Für die Machzahl gilt:

$$M = \frac{u}{c} \qquad (9)$$

Eine atmende Kugel und ein atmender Zylinder mit $k_0\, a \gg 1$ (Gl. (1b) und (2b)) stellen eine 1-dimensionale Schallquelle dar mit $P \sim \rho\, c^3 \cdot M^2$.

Die Beziehungen Gl. (1) bis Gl. (8) zeigen für Machzahlen $M \ll 1$:

- Die abgestrahlte Schallleistung wird hauptsächlich durch die Strömungsgeschwindigkeit bestimmt. Aus diesem Grund sind auch die wesentlichen Schallquellen in einem Strömungsfeld in der Regel in den Bereichen der höchsten Strömungsgeschwindigkeiten zu suchen.
- Die Abhängigkeit der abgestrahlten Schallleistung von der Strömungsgeschwindigkeit wächst mit zunehmender Ordnung m der Schallquellen. Dies ist auch der Grund dafür, dass in Wasser – mit meistens sehr geringer Machzahl – die direkte Schallabstrahlung von Quadrupolquellen praktisch ohne Bedeutung ist.
- Obwohl die Wechselgeschwindigkeiten im Nahfeld einer Schallquelle mit der Ordnung m der Quelle zunehmen, verringert sich die ins Fernfeld abgestrahlte Schallleistung.

Störkörper können ein Schallfeld ganz wesentlich beeinflussen. Dabei kommt es darauf an, ob sich der Störkörper im Nahfeld oder im Fernfeld der Schallquellen befindet. Störkörper im Fernfeld führen zu einer Streuung der abgestrahlten Schallleistung, ohne dabei deren Größe zu verändern. Im Gegensatz dazu können Störkörper im Nahfeld der Schallquellen eine Vergrößerung oder auch Verringerung der Schallabstrahlung zur Folge haben. Ein solches Verhalten kann nicht nur bei Resonanzgebilden in der Nähe der Quellen beobachtet werden, sondern auch bei Störkörpern, die starr und unbeweglich sind. Eine deutlich vermehrte Schallerzeugung durch eine Störung ist auf Quellen mit starkem Nahfeld beschränkt, besonders also auf aerodynamische oder hydrodynamische Schallquellen. Diese Störung ist dann die Ursache dafür, dass die im Nahfeld vorhandene Strömungsenergie in erhöhtem Maße in Schallenergie umgewandelt wird.

Die Wirkung eines Störkörpers wird verdeutlicht in Abb. 1. Ein starrer Kreiszylinder wird in die Nähe eines lateralen, zweidimensionalen Quadrupols gebracht, wodurch sich die abgestrahlte Schallleistung nennenswert erhöhen kann. Die Schallabstrahlung eines Monopols verändert sich dagegen nicht.

Im Hinblick auf die Geräuschminderung bedeuten die obigen Ausführungen:

- Verringere die Strömungsgeschwindigkeiten,
- bringe Bereiche mit gegenphasigen Bewegungen möglichst nahe zusammen, d. h. erhöhe die Ordnung m der Schallquelle,
- vermeide bei einer Schallquelle hoher Ordnung m (z. B. Quadrupolen) das Einbringen von Störkörpern (Abb. 1).

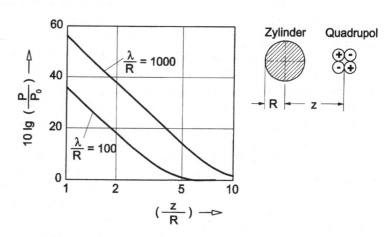

Abb. 1 Einfluss eines Kreiszylinders in der Nähe eines 2-dimensionalen, lateralen Quadrupols auf die abgestrahlte Schallleistung. P Schallleistung mit Zylinder, P_0 Schallleistung ohne Zylinder, z Abstand zwischen der Achse des Zylinders und der punktförmigen Quadrupolquelle, R Zylinderradius, λ Schallwellenlänge

1.2   Kavitation

Sobald in einem Gebiet einer strömenden Flüssigkeit ein gewisser kritischer Druck, der etwa gleich
dem Dampfdruck p_D ist, erreicht oder unterschritten wird, entstehen bei Anwesenheit von Keimen[1]
mit Gas (Dampf) gefüllte Hohlräume. Man bezeichnet diese für Flüssigkeiten typische Erschei-
nung mit **Kavitation**, genauer mit Strömungskavitation. Die Kavitationsblasen stürzen plötzlich
wieder zusammen, wenn ihr Umgebungsdruck
über den kritischen Druck ansteigt (Abb. 2a).
Hierbei entstehen örtlich sehr hohe Druckspitzen
(bei starker Kavitation über 10^5 bar [1], Grund für
Materialschäden, s. Abb. 2b), womit auch eine
beträchtliche Geräuschentwicklung verbunden
ist. Kavitation erzeugt in der Regel ein recht charakteristisches prasselndes, breitbandiges Geräusch mit meist geringen tieffrequenten Anteilen.
Umfangreiche Literaturzusammenstellungen zu
diesem Thema findet man in [2, 3, 4, 5].

Kavitationseinsatz

Aus Abb. 3 geht hervor, dass sich die Schallabstrahlung im Falle eines angeströmten Profils um
mehr als 40 dB erhöhen kann, wenn Kavitation
einsetzt [6] (ähnliche Beobachtungen können
auch bei anderen Strömungsvorgängen gemacht
werden [7]). Die in Abb. 3 verwendete Kavitationszahl σ ist definiert durch

$$\sigma = \frac{p_s - p_D}{0,5\,\rho_0\,u^2} \tag{10}$$

p_s statischer Druck der ungestörten Strömung in Pa,
p_D Dampfdruck der Flüssigkeit in Pa,
ρ_0 Dichte der ungestörten Flüssigkeit in kg/m³,
u typische Strömungsgeschwindigkeit (z. B. Anströmgeschwindigkeit des Profils) in m/s.

Der Kavitationseinsatzpunkt für einen bestimmten Strömungsvorgang, z. B. in Wasser, hängt
nicht nur von der Kavitationszahl ab, sondern auch
sehr stark vom Luftgehalt (Keimgehalt) des Was-

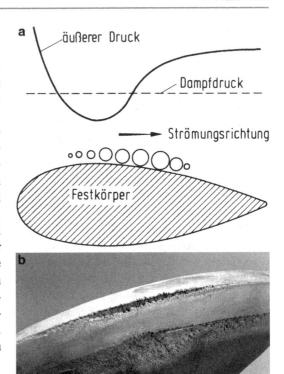

Abb. 2 a Entstehung und Zusammenfallen von Kavitationsblasen an einem umströmten Profil. **b** Ansicht einer
durch Kavitation zerstörten Außenkante der Schaufel einer
Wasserturbine

sers. Bei hohem Luftgehalt setzt die Kavitation
schon bei niedrigeren Strömungsgeschwindigkeiten, genauer gesagt, bei höheren Kavitationszahlen
ein. In diesem Fall steigt das Kavitationsgeräusch
nur allmählich mit abnehmender Kavitationszahl.
Bei geringem Luftgehalt setzt Kavitation etwas
später ein, führt dann jedoch zu einem plötzlichen
Geräuschanstieg.

Kavitationsformen

Man unterscheidet in stationärer, nicht abgelöster
Strömung im Wesentlichen zwei Arten von Kavitation [2], und zwar **Blasenkavitation** (bubble
cavitation, travelling bubbles [8], transient
cavities [9]) und **Schichtkavitation** (sheet cavitation, fixed cavitation [8], steady state cavities [9]).
In [2] werden diese beiden Kavitationsformen wie
folgt definiert:

---

[1]Als Kavitationskeime kommen in Wasser vor allem die
normalerweise immer vorhandenen Luftbläschen in Frage.

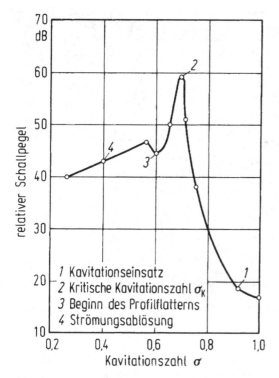

Abb. 3 Gesamtschallpegel eines angeströmten Profils bei einsetzender Kavitation nach [6] (zur Definition von σ vgl. Gl. (10)

Blasenkavitation: Die Kavitationsblasen bewegen sich stetig mit der Strömung längs der umströmten Wand, während sie expandieren, implodieren und ausschwingen. Der Lebenslauf individueller Blasen kann kinematografisch verfolgt werden [10].

Schichtkavitation: Sehr viele kleine Blasen, deren Lebensläufe nicht zu verfolgen sind, bilden schicht-, haufen- oder streifenweise an der umströmten Wand anliegende Zweiphasengebiete. Die äußere Gestalt dieser Zweiphasengebiete erscheint dem bloßen Auge als im Wesentlichen stationär. In Einzelfällen konnten jedoch durch kinematografische Beobachtungen starke zeitliche Veränderungen der Gestalt der Kavitationsgebiete nachgewiesen werden [11, 12, 13].

Das Erscheinungsbild der Kavitation kann wesentlich beeinflusst sein durch Strömungsablösung und durch Turbulenz. Kavitation kann auch in den Kernen abgelöster Wirbel beobachtet werden (z. B. in den Spitzen- und Nabenwirbeln eines Schiffspropellers).

Theoretische Behandlung

Bei beginnender Kavitation oder bei geringem Keimgehalt hat man es hauptsächlich mit einzelnen, sich gegenseitig kaum beeinflussenden Kavitationsblasen zu tun (vgl. Abb. 4, Zustand 1 und 2).

Das zeitliche Verhalten des Volumens der einzelnen Blasen kann näherungsweise mit Hilfe der Rayleigh-Plessetschen Differentialgleichung [14, 15, 16] ermittelt werden. Mit Kenntnis der Zeitabhängigkeit des Blasenvolumens $V(t)$ lässt sich der für Machzahlen $M \ll 1$ wesentliche Monopol-Term der Schallabstrahlung ermitteln [17, 18]. Für den Schalldruck p in der Entfernung r gilt:

$$p(r,t) = \frac{\rho_0}{4\pi r} \frac{\partial^2}{\partial t^2} V(t - r/c_0) \quad (11)$$

ρ_0 Dichte der ungestörten Flüssigkeit in kg/m³,
t Zeit in s,
c_0 Schallgeschwindigkeit in der ungestörten Flüssigkeit in m/s.

Bei voll ausgebildeter Kavitation findet man meistens regelrechte Blasenwolken mit vielen kleinen Blasen vor (vgl. Abb. 4, Zustand 4 und 5).

Wie Abb. 5 zeigt, nimmt die von einem Kavitationsgebiet abgestrahlte Schallleistung zunächst mit der Anzahl der Kavitationsblasen zu (einzelne Blasen) und nach Überschreiten eines Maximums ab (Blasenwolke). Aus diesem Verhalten muss geschlossen werden, dass die Schallabstrahlung der Einzelblase stark durch die Lebensgeschichte der benachbarten Blasen beeinflusst wird.

Bei der theoretischen Behandlung der voll ausgebildeten Kavitation dürfte es kaum sinnvoll und wohl meistens auch nicht mehr möglich sein, die Lebensgeschichte einzelner Blasen zu verfolgen. Von einigen Autoren [19, 20, 21, 22, 23] wird deshalb die kavitierende Flüssigkeit weiterhin als Kontinuum betrachtet. Damit behält die Lighthill'sche Gleichung für eine Einphasenflüssigkeit weiterhin ihre Gültigkeit, wenn eine mittlere Dichte ρ eingeführt wird [20, 21]:

$$\rho = \rho_0 (1 - \beta) - \beta \rho_B \quad (12)$$

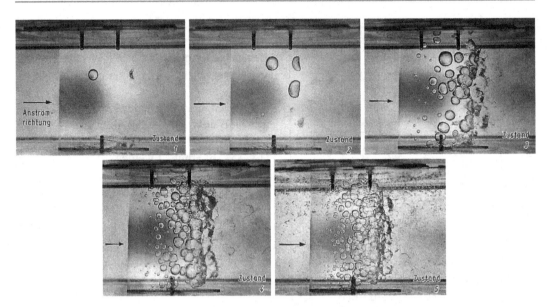

Abb. 4 Ausbildung der Kavitationswolke an einem angeströmten Profil bei fünf verschiedenen Keimgehalten der Anströmung und konstanter Kavitationszahl nach [6] (vgl. auch Abb. 5)

Abb. 5 Gesamtschallpegel des Kavitationsgeräusches eines angeströmten Profils in Abhängigkeit von der Volumenkonzentration der Blasen nach [6]. Die Blasenwolkenstrukturen der Zustände 1 bis 5 sind in Abb. 4 wiedergegeben

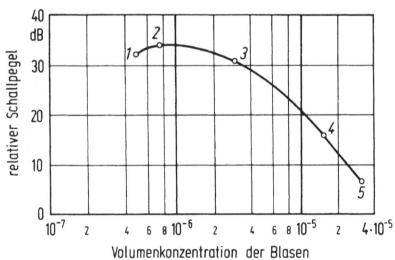

ρ_B Dichte der Blasen in kg/m^3.

β ist eine Orts- und Zeitfunktion und stellt das von den Kavitationsblasen pro Volumeneinheit eingenommene Volumen dar ($0 < \beta < 1$).

Mit $\rho_B \ll \rho_0$ und $\beta \ll 1$ ergibt sich aus Gl. (12)

$$\rho = \rho_0(1-\beta)$$

oder

$$\frac{d\rho}{dp} = \frac{d\rho_0}{dp} - \rho_0\frac{d\beta}{dp}$$

oder auch

$$\frac{1}{c^2} = \frac{1}{c_0^2} - \rho_0\frac{d\beta}{dp} \qquad (13)$$

Dabei ist c_0 die Schallgeschwindigkeit in der ungestörten Flüssigkeit und c die mittlere lokale Schallgeschwindigkeit in der Zweiphasenströmung.

Wird Gl. (13) in die Gl. (1.28) und (1.29) eingesetzt und nur der wesentliche Monopol-Term berücksichtigt, so folgt für den Schalldruck p in der Entfernung r von einem Kavitationsgebiet mit dem Volumen V:

$$
\begin{aligned}
p(r,t) &= \frac{1}{4\pi} \int_V \frac{1}{r} \frac{\partial}{\partial t} \left[\left(\frac{1}{c_0^2} - \frac{1}{c^2} \right) \frac{\partial p}{\partial t} \right] dV \\
&= \frac{\rho_0}{4\pi} \int_V \frac{1}{r} \left[\frac{\partial^2 \beta}{\partial t^2} \right] dV
\end{aligned}
$$

$$(14)$$

Die Funktionen in den eckigen Klammern [...] sind zur Zeit $t - r/c_0$ zu nehmen.

Diese Beziehung zeigt, dass das Geräusch eines Kavitationsgebietes durch das Wachsen und Zusammenfallen von mehr oder weniger unabhängigen Dampfblasen (Monopolquellen) entsteht.

Kavitierende Düsen

Umfangreiche Schallmessungen wurden an kavitierenden Düsen durchgeführt [7, 24]. Die Düsenform wurde so gewählt, dass kein Druckminimum in der Düse auftritt (Abb. 6) und damit auch Kavitation innerhalb der Düse ausgeschlossen war (freie Kavitation).

In Abb. 7 ist die mit $\rho_0 \, d^2 \, u^4/c_0$ normierte Wasserschallleistung P als Funktion von σ_k/σ aufgetragen. Dabei sind:

ρ_0 Wasserdichte in kg/m^3,

c_0 Schallgeschwindigkeit in ungestörtem, nicht kavitierendem Wasser in m/s,

u Strömungsgeschwindigkeit an der engsten Stelle in der Düse in m/s,

u_k kritische Strömungsgeschwindigkeit, bei der die jeweilige Düse zu kavitieren beginnt in m/s,

d Düsendurchmesser (6,3 mm $\leq$ d $\leq$ 38 mm) in m

σ Kavitationszahl nach Gl. (10)

σ_k kritische Kavitationszahl, bei der die jeweilige Düse zu kavitieren beginnt.

Bei den untersuchten Düsen liegt die kritische Kavitationszahl σ_k zwischen 0,3 und 0,7.

Für die Wasserschallleistung P der untersuchten Düsen gilt näherungsweise:

Keine Kavitation

$$P = 10^{-8} \frac{\rho_0}{c_0} d^2 u^4 \quad f\ddot{u}r \ \sigma > 0,8 \, \sigma_k \quad (15)$$

voll ausgebildete Kavitation

$$P = 5 \cdot 10^{-4} \frac{\rho_0}{c_0} d^2 u^4 \quad f\ddot{u}r \ \sigma$$

$$< 0,4 \, \sigma_k \quad (16)$$

Abb. 6 Untersuchte Düsen ohne Druckminima nach [25]

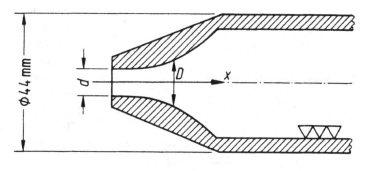

$$\frac{D}{d} = 1 + 0,0072 \left(\frac{2x}{d} \right)^3$$

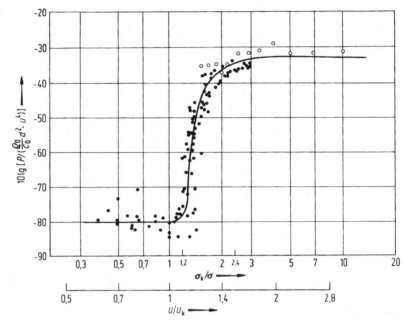

Abb. 7 Normierte gesamte Wasserschallleistung von wasserdurchströmten Düsen gemäß Abb. 6. Punkte: [24]; Kreise: [7]

Der akustische Wirkungsgrad ξ ist das Verhältnis zwischen abgestrahlter Schallleistung P und umgesetzter Strömungsleistung P_F:

$$\xi = \frac{P}{P_F} \qquad (17)$$

mit

$$P_F = \frac{\rho_0}{2} u^3 \frac{\pi}{4} d^2 \qquad (18)$$

Mit den Gl. (15) und (16) folgt dann:

Keine Kavitation

$$\xi = 2,5 \cdot 10^{-8} \frac{u}{c_0} \quad \text{für } \sigma > 0,8\,\sigma_k \qquad (19)$$

Voll ausgebildete Kavitation

$$\xi = 1,3 \cdot 10^{-3} \frac{u}{c_0} \quad \text{für } \sigma < 0,4\,\sigma_k \qquad (20)$$

Der akustische Wirkungsgrad einer wasserdurchströmten Düse (gemäß Abb. 6) erhöht sich durch das Auftreten der Kavitation um einen Faktor >30.000 (45 dB).

Die bei Kavitation gemessenen Schallspektren sind breitbandig mit einem ausgeprägten Maximum [7, 26], und zwar näherungsweise bei der Frequenz:

$$f_m = 0,03 \cdot \frac{u}{d} \, 10^{5,5\cdot\sigma} \; \text{für } \sigma < \sigma_k \qquad (21)$$

Die Frequenz maximalen Pegels f_m verschiebt sich – im Einklang mit der Theorie [17] – mit wachsender Ausströmgeschwindigkeit u zu niedrigeren Frequenzen hin (siehe Abb. 8). Alle bei Kavitation ($\sigma < 0,8\,\sigma_k$) gemessenen, auf die gesamte Wasserschallleistung bezogenen Terz-Schallleistungsspektren liegen innerhalb des in Abb. 9 schraffierten Bereiches.

Bei einfachen Lochdüsen beginnt das Kavitationsgebiet schon innerhalb der Düse und Kavitation setzt bereits bei Kavitationszahlen um 3,0 ein, d. h. bei ca. 2,5-fach kleineren Ausströmgeschwindigkeiten als bei den Düsen nach Abb. 6.

Befindet sich z. B. ein Zylinder vor der Düse, wie in Abb. 10 gezeigt, so werden folgende Beobachtungen gemacht:

– Die Kavitation beginnt bereits bei höheren Kavitationszahlen (kleineren Ausströmgeschwindigkeiten),

- die Schalldruckpegel steigen stark an und
- das Maximum in den Schalldruckspektren verschiebt sich zu kleineren Frequenzen.

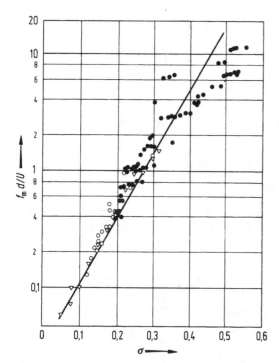

Abb. 8 Frequenz maximalen Schallpegels f_m bei kavitierenden Düsen. d Düsendurchmesser, u Strömungsgeschwindigkeit an der engsten Stelle der Düse. Linie: Gl. (21); Dreiecke: Jorgensen [7]; Kreise: Esipov, Naugol'nykh [26]; Punkte: Stüber

Kavitationsgeräusche werden durch eine Verteilung von Monopolquellen erzeugt. Wird in die Nähe einer Kavitationszone (z. B. in die Nähe einer kavitierenden Düse) eine ebene Grenzschicht aus Luft (z. B. eine Styropor-Platte) gebracht, so entsteht ein System von zwei gegenphasig zueinander schwingenden Monopolsystemen. Bei geringem Abstand zwischen der Kavitationszone und der „akustisch weichen" Platte sowie bei großen Schallwellenlängen besitzt die Anordnung Dipol-Charakter mit einer verringerten Schallabstrahlung im unteren Frequenzbereich (siehe Abb. 11). Die gemessene Pegelreduzierung deckt sich mit der theoretisch zu erwartenden.

Weitere Messergebnisse von Kavitationsgeräuschen finden sich z. B. in [6, 27, 28, 29, 30, 31].

Geräuschminderung

Zur Vermeidung der Kavitation muss die Kavitationszahl nach Gl. (10) erhöht werden. Dies gelingt durch Verringerung der Strömungsgeschwindigkeit u oder durch Erhöhung des statischen Druckes p_s; davon macht man z. B. bei Wasserleitungsarmaturen (siehe Abschn. 9.1) Gebrauch.

Durch Verringerung der Turbulenz und der Wirbelentstehung in einem Strömungsfeld kann das Kavitationsgeräusch abgesenkt werden; unter Umständen kann auch Kavitation ganz vermieden werden. Störkörper im Kavitationsgebiet sollten möglichst vermieden werden (Abb. 10).

Abb. 9 Maximaler Streubereich aller Terz-Schallleistungsspektren an kavitierenden Düsen gemäß Abb. 6 für $\sigma < 0.8\,\sigma_k$. L_W Gesamt-Schallleistungspegel, f_m siehe Gl. (21)

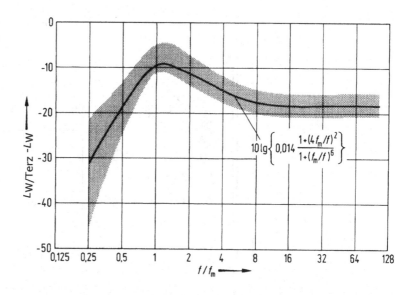

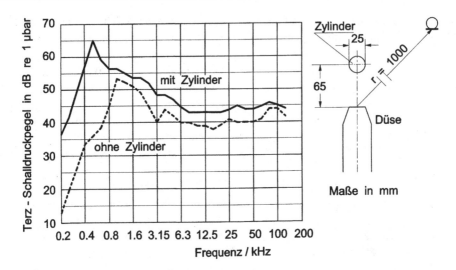

Abb. 10 Einfluss eines Zylinders auf den Wasserschallpegel einer kavitierenden wasserdurchströmten Düse gemäß Abb. 6. Düsendurchmesser $d = 14{,}1$ mm, Kavitationszahl (bezogen auf Ausströmgeschwindigkeit) $\sigma = 0{,}2$, Zylinderdurchmesser 25 mm, Messabstand $r = 1$ m

Abb. 11 Einfluss einer Styropor-Platte auf den Wasserschallpegel einer kavitierenden wasserdurchströmten Düse gemäß Abb. 6. Düsendurchmesser $d = 14{,}1$ mm, Kavitationszahl $\sigma = 0{,}2$, Messabstand r = 1 m

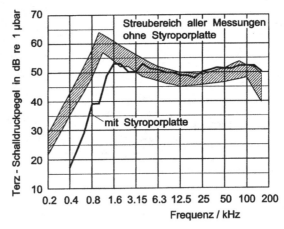

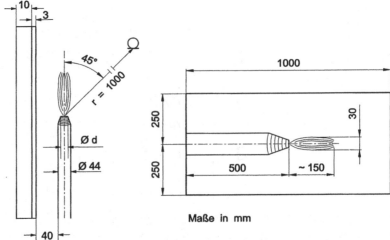

Abb. 12 Kármán'sche
Wirbelstraße aus [32]

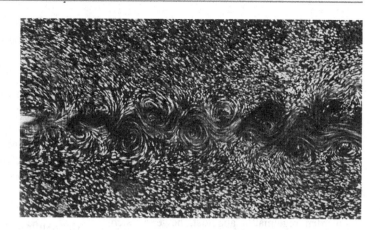

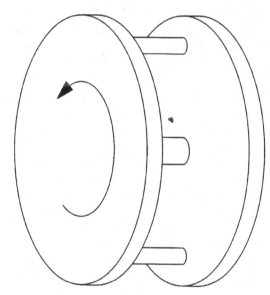

Abb. 13 Rotor mit angeströmten Kreiszylindern

„Weiche" Schichten in der Nähe eines Kavitationsgebietes können die Kavitationsgeräusche erheblich absenken (Abb. 11).

Durch Einblasen von Gasen in die Kavitationszone kann das Zusammenfallen der Blasen „abgefedert" werden, wodurch oft eine beachtliche Geräuschminderung erzielt wird.

1.3   Angeströmte Kreiszylinder

Wird ein starrer Körper von einem gasförmigen oder flüssigen Medium mit Unterschallgeschwindigkeit angeströmt, so beobachtet man ab einer für den betrachteten Vorgang charakteristischen Reynoldszahl (siehe Gl. 22), dass sich Wirbel von der

Tab. 1 Kinematische Zähigkeit $n\ddot{u}$ für Luft und Wasser

	Kinematische Zähigkeit in 10^{-6} m^2/s			
Temperatur in °C	0	20	40	60
Luft	13,2	15,1	16,9	18,9
Wasser	1,79	1,01	0,66	0,48

Körperoberfläche ablösen (Abb. 12). Diese Wirbelablösung führt zu örtlichen und zeitlichen Druckschwankungen an der Oberfläche des starren Körpers und damit auch zu einer Schallentstehung.

Sehr eingehend experimentell und theoretisch untersucht wurde die Wirbelablösung an einem senkrecht zu seiner Achse angeströmten starren Kreiszylinder und das hiermit verbundene Schallfeld (siehe auch Blake [3]). Die experimentellen Untersuchungen wurden entweder im Strömungskanal durchgeführt oder auch an Rotoren (Abb. 13), bestehend z. B. aus zwei kreisförmigen Scheiben, zwischen denen Kreiszylinder befestigt sind [33, 34].

Beschreibung des Strömungsfeldes
Die Form des Strömungsfeldes hinter einem senkrecht zur Achse angeströmten Kreiszylinder ist im Wesentlichen durch die Reynoldszahl bestimmt

$$Re = \frac{u\,d}{\nu} \qquad (22)$$

u Anströmgeschwindigkeit des Zylinders in m/s,
d Zylinderdurchmesser in m,
ν kinematische Zähigkeit des Strömungsmediums in m^2/s (siehe Tab. 1).

Aufgrund zahlreicher Untersuchungen [35–39] können folgende Formen des Strömungsfeldes unterschieden werden:

(a) Im symmetrischen Bereich ($4 <$ Re < 40) findet keine Wirbelablösung statt. Es wird lediglich ein stabiles Wirbelpaar gebildet, das sich jedoch nicht vom Zylinder ablöst und somit weder Wechselkräfte noch Schall erzeugt.

(b) Im stabilen Bereich $40 <$ Re < 200 wird die Wirbelformation asymmetrisch. Die Wirbel werden regelmäßig abgelöst, bewegen sich stromabwärts und bilden eine „Kármán'sche Wirbelstraße" Abb. 12), die im weiteren Verlauf zerfällt bzw. in Turbulenz übergeht.

(c) Im instabilen Bereich $400 <$ Re $< 10^5$ ist zwar die Grenzschicht des Zylinders noch laminar, aber die Wirbel sind schon bei der Ablösung von nieder- und hochfrequenten Störungen begleitet; d. h. die regelmäßige Ablösung der freien Einzelwirbel ist von turbulenten Geschwindigkeitsschwankungen überlagert, die im weiteren Verlauf zu einem schnellen Zerfall der Wirbel (Turbulenz) führen. Der Übergang von der mehr oder weniger regelmäßigen Wirbelstraße zur vollen Turbulenz erfolgt umso näher am Zylinder, je größer die Reynoldszahl ist.

(d) Im überkritischen Bereich Re $> 3 \cdot 10^5$ ist die Strömung bereits am Zylinder turbulent. Trotzdem konnten mehrere Autoren [39, 40, 41] noch eine periodische Wirbelablösung (bis Re $= 8 \cdot 10^6$) beobachten.

Die für die einzelnen Bereiche angegebenen Reynoldszahlen gelten für laminare Anströmung. Ist bereits die ankommende Strömung etwas turbulent, so verschieben sich die vier Bereiche zu kleineren Reynoldszahlen [35]. Auch Oberflächenrauhigkeiten wirken sich ähnlich aus wie eine Erhöhung der Reynoldszahl [42].

Schallentstehung (Hiebtonbildung)

Der Hauptanteil der von angeströmten Kreiszylindern abgestrahlten Schallleistung entfällt auf den sog. „Hiebton", der darauf zurückzuführen ist, dass bei der alternierenden Wirbelablösung eine Wechselkraft senkrecht zur Strömungsrichtung mit der Frequenz der Wirbelablösung entsteht.

Das Auftreten dieser Wechselkraft kann folgendermaßen veranschaulicht werden (Abb. 14):

Die abwechselnd von jeder Seite des Zylinders abgelösten Wirbel führen einen Drehimpuls mit sich. Da die Anströmung keinen resultierenden Drehimpuls besitzt, ergibt sich aus dem Drehimpulserhaltungssatz, dass die Ausbildung eines neuen Wirbels von einer Zirkulationsströmung um den Zylinder mit entgegengesetztem Drehimpuls begleitet sein muss. Werden also Wirbel mit alternierender Zirkulation, -2Γ und $+2\Gamma$ vom Zylinder abgelöst, so schwankt die Zirkulation um den Zylinder zwischen $+\Gamma$ und $-\Gamma$. Nach der Kutta-Joukowky'schen Auftriebsformel ist damit aber eine auf den Zylinder wirkende, senkrecht zur Anströmgeschwindigkeit stehende Wechselkraft verknüpft, und zwar mit der Frequenz der Wirbelablösung.

Die Frequenz der Wirbelablösung und damit des Hiebtones ist durch die Strouhalbeziehung [43] gegeben:

$$f_{\text{Hieb}} = St \, \frac{u}{d} \qquad (23)$$

Für $2 \cdot 10^2 <$ Re $< 2 \cdot 10^5$ ist die Strouhalzahl St bei laminarer Anströmung relativ konstant (Abb. 15) und beträgt etwa 0,2.

Abb. 14 Zum Auftreten einer auf einen angeströmten Zylinder wirkenden Wechselkraft senkrecht zur Strömungsrichtung

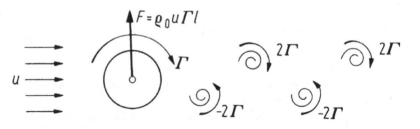

Abb. 15 Abhängigkeit der Strouhalzahl St von der Reynoldszahl Re [37–41, 44–46],

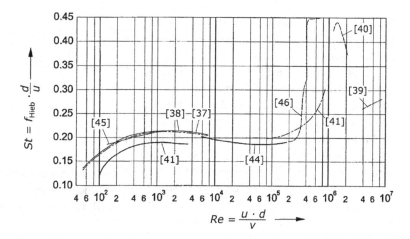

Bei dem „Hiebton" handelt es sich eigentlich nicht um einen Ton, sondern um ein schmalbandiges Rauschen mit einer Bandbreite von mindestens einer Terz. Die Bandbreite des „Hiebtones" ist umso größer, je größer die Reynoldszahl und die Turbulenz der Anströmung sind. Außerdem macht sich bei den Rotoren (Abb. 13) außerhalb der Drehachse noch die Dopplerverbreiterung bemerkbar [33, 34].

Neben der periodischen Wirbelablösung treten Wechselkräfte (d. h. Schallabstrahlung mit Dipolcharakter) an umströmten Körpern auch dadurch auf, dass die ankommende Strömung nicht vollkommen laminar ist und daher kleine Änderungen des Strömungswiderstandes (Kraft parallel zur Strömungsrichtung) und des Auftriebs (Kraft senkrecht zur Strömungsrichtung) bewirkt. Schließlich muss auch noch ein Schallentstehungsmechanismus mit Quadrupolcharakter erwähnt werden, der auf die freie Turbulenz hinter dem umströmten Körper zurückzuführen ist (siehe Abschn. 1.4).

Berechnung der Schallabstrahlung

Wie oben bereits ausgeführt, erzeugt die Wirbelablösung an einem senkrecht angeströmten Zylinder eine auf ihn wirkende Wechselkraft F senkrecht zur Strömungsrichtung. Die Kohärenzlänge der Wirbelablösung ist stark abhängig vom Aufbau der untersuchten Anordnung am Ende der Zylinder [33, 47]. Für die Anordnung in Abb. 16 dürfte aufgrund der Untersuchungen in [33] für $1 < l/d < 10$, $Re < 10^5$ und $M < 0,6$ ($M = u/c$

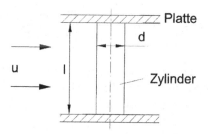

Abb. 16 Angeströmter starrer Zylinder beidseitig eingespannt

Machzahl) die Wirbelablösung praktisch über die gesamte Zylinderlänge kohärent erfolgen (zweidimensionale Wirbelablösung) und damit die Amplitude und die Phase der Wechselkraft F näherungsweise konstant längs der gesamten Zylinderlänge/sein.

Für diesen Fall ergibt sich für den Schalldruck p in großem Abstand r, senkrecht zur Zylinderachse

$$p(r,\theta,t) = \frac{1}{4\pi r} \sin(\theta)\, \frac{\partial}{\partial r} F(t - r/c) \quad (24)$$

Dabei ist θ der Winkel zwischen der Anströmrichtung und der Verbindungslinie Zylinder zum Aufpunkt. Die Auftriebswechselkraft F wird häufig durch den Koeffizienten C_L ersetzt:

$$F(t) = C_L(t)\, l d\, \frac{1}{2} \rho\, u^2 \quad (25)$$

Der quadratische zeitliche Mittelwert $\overline{C_L^2}$ wurde von mehreren Autoren [47–54] im Strömungskanal gemessen (Abb. 17).

Der Streubereich nach [33] ergab sich indirekt aus der Schallabstrahlung. Wie man sieht, ist die Übereinstimmung mit den direkt gemessenen Werten von C_L gut; die einzige Ausnahme bilden die Messungen von Gerrard [50] bei kleinen Reynoldszahlen. Dieser Unterschied ist wohl darauf zurückzuführen, dass die Messungen von Gerrard bei einer sehr geringen Turbulenz der Anströmung gemacht wurden [35, 54–56]. Bei nicht zu geringer Turbulenz der Anströmung ergibt sich mit Abb. 17 näherungsweise

$$\overline{C_L^2} \approx 0,01 + \frac{7,5 \cdot 10^{-6} \cdot \mathrm{Re}}{1 + 2 \cdot \left(10^{-5} \cdot \mathrm{Re}\right)^3} \quad (26)$$

Die von einem angeströmten Kreiszylinder abgestrahlte Schallleistung P ist bei kohärenter Wirbelablösung gegeben durch:

$$P = \frac{\pi}{16} \rho \, St \, \overline{C_L^2} \, l \, d \, M^2 \, u^3 \, G(k_0 l) \quad (27)$$

Für die Funktion $G(k_0 l)$ gilt die Näherung:

$$G(k_0 l) \approx \begin{cases} \dfrac{2}{3\pi} k_0 l \ \ f\ddot{u}r \ k_0 l \leq \dfrac{3\pi}{2} \\[2ex] 1 \qquad f\ddot{u}r \ k_0 l > \dfrac{3\pi}{2} \end{cases} \quad (28)$$

Dabei ist $k_0 = 2\pi f_{\mathrm{Hieb}}/c$ die mit f_{Hieb} nach Gl. (23) gebildete Wellenzahl.

Die umgesetzte Strömungsleistung P_F für einen senkrecht angeströmten Kreiszylinder ist:

$$P_F = C_D \frac{1}{2} \rho \, u^3 \, l \, d \quad (29)$$

$C_D \approx 1,1$ Widerstandsbeiwert eines angeströmten Zylinders (siehe z. B. [3], Kap. „Schallwirkungen beim Menschen").

Für den akustischen Wirkungsgrad ξ folgt mit den Gl. (17) und (26–29):

$$10^{-3} \cdot M^2 < \xi$$
$$< 2 \cdot 10^{-2} \cdot M^2 \ f\ddot{u}r \ 4 \cdot d/l$$
$$< M \quad (30)$$

Unter Verwendung der in [33] angegebenen Geräuschspektren ergibt sich näherungsweise für einen angeströmten Kreiszylinder bei kohärenter Wirbelablösung das in Abb. 18 dargestellte normierte Oktav-Schallleistungsspektrum.

Erfolgt die Anströmung des Zylinders nicht senkrecht zu seiner Achse, sondern schräg unter dem Winkel ϕ, so muss näherungsweise in den Beziehungen Gl. (23), (27) und (28) u durch $u \cos \phi$ ersetzt werden.

Ist die Wirbelablösung inkohärent, z. B. bei sehr großem Verhältnis l/d oder bei veränderter Zylindereinspannung [33, 47] oder bei schräger

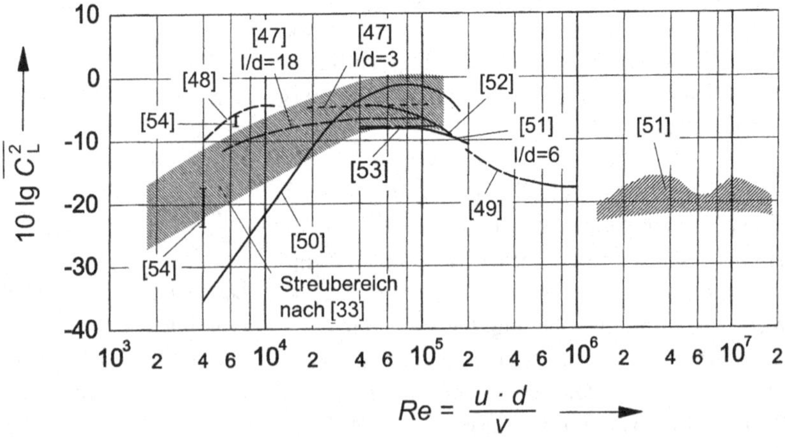

Abb. 17 Koeffizient C_L der auf den Zylinder wirkenden Auftriebswechselkraft in Abhängigkeit von der Reynoldszahl Re [33, 47–54]. (Quadratischer zeitlicher Mittelwert)

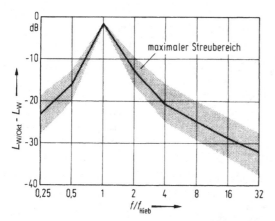

Abb. 18 Normiertes mittleres Oktav-Schallleistungs-spektrum eines angeströmten Kreiszylinders nach [33]. $L_{W/Okt}$ Oktav-Schallleistungspegel, L_W Gesamt-Schallleistungspegel

Anströmung des Zylinders, so ergibt sich im Fre-quenzbereich des Hiebtones und damit auch ins-gesamt eine geringere Schallabstrahlung, als nach den Gl. (27) und (28) zu erwarten wäre.

Bei bekannter Kohärenzlänge l_c der Wirbelab-lösung kann für $l_c < l$ die abgestrahlte Schallleis-tung mit den Gl. (27) und (28) abgeschätzt wer-den, wenn in der Näherung Gl. (28) l durch l_c ersetzt wird. Für die Anordnung in Abb. 16 gilt näherungsweise:

$$l_c = \frac{l}{\sqrt{1 + 0,01 \cdot (l/d)^2}} \tag{31}$$

Für $4 < l/d < 10$ wurden bei einseitig einge-spannten Kreiszylindern – im Vergleich zu beid-seitig eingespannten Zylindern – etwa 13 dB ge-ringere Schallpegel gemessen [33]. Abb. 19 zeigt dies für den Rotor gemäß Abb. 13.

Eine erhöhte Schallabstrahlung kann dann auf-treten, wenn die Frequenz des Hiebtones über-einstimmt mit einer Eigenfrequenz des Zylinders [54] oder auch mit einer Eigenfrequenz der Rohr-leitung, in der sich der Zylinder befindet. Zum Beispiel in Wärmetauschern können bei Überein-stimmung der Wirbelablösungsfrequenz von ange-strömten Rohrbündeln und einer Eigenfrequenz der durchströmten Rohrleitung sehr hohe Schallpegel

auftreten (siehe [57] mit zahlreichen Literaturhin-weisen).

Geräuschminderung

Die Schallabstrahlung von angeströmten Kreiszy-lindern kann unter anderem durch folgende Maß-nahmen abgesenkt werden:

– Verringerung der Anströmgeschwindigkeit vgl. Gl. (27),
– Vermeidung einer kohärenten Wirbelablösung, z. B. durch entsprechenden Aufbau der Anord-nung an den Zylinderenden [33, 47] (Abb. 19) oder durch möglichst schräge Anströmung des Zylinders,
– Wahl einer strömungsgünstigeren Form des um-strömten Körpers (Wirbelablösung setzt erst bei größerer Reynoldszahl Re ein, kleines C_L).

1.4 Turbulenter Freistrahl

Abgesehen vom Idealfall des tanzenden Wirbel-paares [58, 59] sind die Details der Schallentste-hung durch freie Wirbel noch Gegenstand intensi-ver Untersuchungen. Das Hauptaugenmerk wird auf den turbulenten Freistrahl (Abb. 20) gelegt, da dieser eine wichtige Schallquelle bei Strahl-triebwerken darstellt [60–65].

Während bei den beiden bisher behandelten Schallentstehungsmechanismen der Ort der Schall-quelle mit einer deutlich wahrnehmbaren Grenz-fläche (Flüssigkeit – Hohlraum bei der Kavitation; Festkörper – strömendes Medium beim Hiebton) zusammenfällt, ist beim turbulenten Freistrahl ein Ort der Schallentstehung weniger leicht zu lokali-sieren.

Bei einem turbulenten Freistrahl entsteht der Schall in der sog. Mischzone, d. h. mehrere Durch-messer außerhalb der Düsenöffnung (Abb. 20). Wenn sich keine Störkörper im Potentialkern und in der Mischzone befinden, ist das erzeugte Ge-räusch sehr breitbandig (Abb. 21) und hat eine ausgeprägte Richtcharakteristik (Abb. 22).

Im Bereich von $0,7 < M < 1,6$ wächst die Schallleistung P eines turbulenten Freistahls mit

Abb. 19 Gemessene Terz-Schalldruckpegel für den Rotor mit zwei bzw. mit einer Scheibe, Durchmesser des Rotors 200 mm, Durchmesser der beiden Zylinder 5 mm, Länge der Zylinder 28,5 mm, Geschwindigkeit der Zylinder 105 m/s, Messentfernung von der Rotorachse 0,5 m

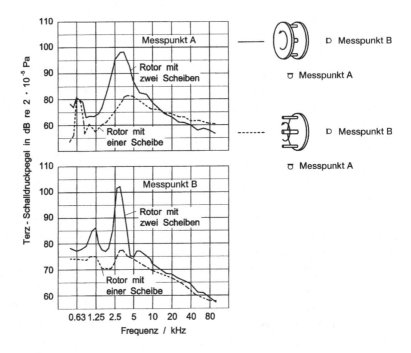

Abb. 20 Geometrie des Freistrahls

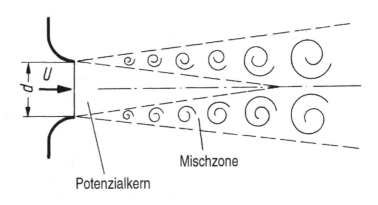

Abb. 21 Schematisches Oktav-Schallleistungsspektrum eines turbulenten Freistrahls. $L_{W/Okt}$ Oktav-Schallleistungspegel, L_W Gesamt-Schallleistungspegel, d Düsendurchmesser in m, u Ausströmgeschwindigkeit in m/s

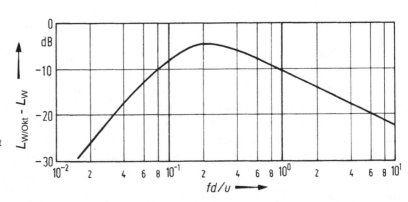

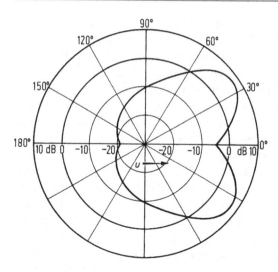

Abb. 22 Richtcharakteristik eines turbulenten Freistrahls im Bereich $0{,}7 < M < 1{,}6$ ($M = u/c$ Machzahl)

der achten Potenz der Anströmgeschwindigkeit [66]; im Bereich $M > 2$ wächst sie mit der dritten Potenz [67]. Näherungsweise gilt für die Schallleistung:

$$P = \begin{cases} 5 \cdot 10^{-5}\, \rho\, S\, u^3 M^5 & f\ddot{u}r\ M \leq 1{,}82 \\ 10^{-3}\ \rho\, S\, u^3 & f\ddot{u}r\ M > 1{,}82 \end{cases} \quad (32)$$

ρ Dichte des Strömungsmediums am Düsenaustritt in kg/m^3,
S Austrittsfläche der Düse in m^2,
u Ausströmgeschwindigkeit in m/s,
c Schallgeschwindigkeit des Strömungsmediums in m/s,
$M = u/c$ Machzahl, siehe Gl. (9)

Für den akustischen Wirkungsgrad ξ folgt mit den Gl. (17) und (32):

$$\begin{aligned} \xi &= \frac{P}{0{,}5\, \rho\, u^3\, S} \\ &= \begin{cases} 10^{-4}\, M^5 & f\ddot{u}r\ M \leq 1{,}82 \\ 2 \cdot 10^{-3} & f\ddot{u}r\ M > 1{,}82 \end{cases} \end{aligned} \quad (33)$$

Im Bereich $M < 0{,}7$ werden die Freistrahlgeräusche (dreidimensionale Quadrupolquellen) sehr

häufig von anderen Geräuschquellen verdeckt, insbesondere durch verwirbelte Ausströmung. Die Schallleistung der hierdurch entstehenden Geräusche steigt mit der sechsten Potenz der Ausströmgeschwindigkeit an. In solchen Fällen ist der Ort der Schallentstehung nicht die Mischzone, sondern die Ausströmöffnung (dreidimensionale Dipolquellen). Bei nicht zu großen Durchmessern d der Ausströmöffnung ($d < 200/u$, d in m, u in m/s) wird das Spektrum ziemlich gut durch Abb. 21 wiedergegeben.

Befindet sich ein Störkörper im Potentialkern, dann treten meist ausgeprägte Einzeltöne auf, die die Schallleistung um 10 bis 20 dB erhöhen[2] [69]. Einzeltöne (screech tones) können bei Überschallstrahlen auch bei Abwesenheit von Störkörpern auftreten [70, 71]. In beiden Fällen handelt es sich um Rückkopplungsmechanismen, also den Schneidetönen verwandte Phänomene.

Trifft ein Freistrahl auf eine große, ebene Platte auf, dann ist die abgestrahlte Schallleistung etwas größer als bei ungestörtem Strahl. Wenn die Platte 5 Düsendurchmesser von der Ausströmöffnung entfernt ist, beträgt die Überhöhung etwa 5 dB, bei 10 Durchmessern nur etwa 2 dB, bei kleineren Plattenabständen kann wieder Tonbildung auftreten.

Die verschiedenen Methoden der Geräuschminderung bei Düsentriebwerken (Verwendung eines großen Bypassverhältnisses, Einbau von „corrugated nozzles") werden in den Abschn. 18.1.1.2 und 18.1.1.3 kurz behandelt.

1.5 Turbulente Grenzschicht

Bei turbulenten Strömungen entlang einer Wand treten in der Grenzschicht hohe Wechseldrücke auf. Für die Grenzschichtdicke gilt:

$$\delta \approx 0{,}37 \cdot l \cdot Re^{-0{,}2} \quad (34)$$

---

[2]Sehr laute diskrete Töne beobachtet man auch, wenn ein Strahl in die Öffnung eines Hohlraumes bläst. Damit verbunden ist eine Temperaturerhöhung im Hohlraum, die manchmal gefährlich hohe Werte annimmt [68].

Dabei ist l die Lauflänge vom Anfang der Wand an, und Re ist die mit der Lauflänge l und der freien Strömungsgeschwindigkeit u gebildete Reynoldszahl, siehe Gl. (22). Die Wechseldrücke können mit einem kleinen, in die Wand eingebauten Druckempfänger gemessen werden [72–79]. Es ergeben sich dabei normierte Spektren mit dem in Abb. 23 dargestellten Verlauf. Der quadratische Mittelwert des Wechseldrucks über alle Frequenzen ist etwa

$$\overline{p^2} \approx \left(6.10^{-3} \cdot \frac{1}{2} \rho U^2 \right)^2 \; bzw. \; \overline{p^2}$$

$$\approx (2\,\tau)^2 \tag{35}$$

wobei τ die örtliche Wandschubspannung ist.

Der Verlauf des Spektrums bei tiefen Frequenzen ist noch etwas umstritten, weil es sehr schwer ist, in diesem Bereich die Druckschwankungen von anderen Störeinflüssen zu trennen. Bei hohen Frequenzen hängt der gemessene Wechseldruck sehr stark von den Abmessungen des verwendeten Druckempfängers ab. Man kann sich die Druckschwankungen in der Grenzschicht dadurch entstanden denken, dass kleine „Turbulenzballen" (eddies), deren Dimensionen mit der Grenzschichtdicke vergleichbar sind, an der Wand entlang „rollen" (und von Zeit zu Zeit durch plötzliche „bursts" unterbrochen werden) [77, 78]. Die

Bewegungsgeschwindigkeit beträgt etwa 60 bis 80 % der freien Strömungsgeschwindigkeit. Während der Bewegung zerfallen die Turbulenzballen und es werden ständig neue gebildet. Aus diesem Grunde nimmt der Korrelationskoeffizient zwischen zwei in Strömungsrichtung separierten Druckempfängern ziemlich schnell ab und erreicht bei einem Abstand von mehr als 20 δ bereits den Wert Null.

Da die Gebiete verschiedenen Drucks in einer Grenzschicht sehr nahe beieinander liegen – die Korrelationslänge ist stets klein verglichen mit der Schallwellenlänge – ist die direkte Schallabstrahlung von einer turbulenten Grenzschicht (etwa vor einer vollkommen starren Wand) in den meisten Fällen vernachlässigbar klein. Trotzdem können turbulente Grenzschichten indirekt zu einer beträchtlichen Schallabstrahlung führen, nämlich dann, wenn sie an eine sehr leichte Wand grenzen, die durch Wechseldrücke leicht in Bewegung versetzt werden kann. Die dabei auftretenden Bewegungen würden zwar bei unendlich großen homogenen Wänden eine ähnliche räumliche Struktur haben wie die Wanddruckschwankungen [80] und somit ebenfalls keinen Schall abstrahlen, aber bei allen Diskontinuitäten (Versteifungen, Kanten usw.) treten freie Wellen auf [81–83], die wesentlich mehr Schall abstrahlen und dazu führen, dass z. B. in einem Flugzeug (jedenfalls im vorderen Teil, wo der Triebwerkslärm

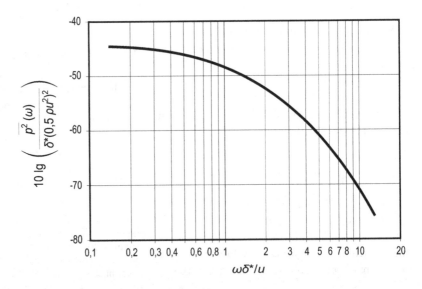

Abb. 23 Normiertes Spektrum des Wechseldruckes in einer turbulenten Grenzschicht, gemessen mit sehr kleinen Druckempfängern. $\overline{p^2}(\omega)$ Wechseldruckquadrat bei der Kreisfrequenz ω und einer Bandbreite von $2\pi \cdot 1$ Hz, $\delta^* \approx \delta/8$ Verdrängungsdicke

$$10 \lg \left(\frac{\overline{p^2}(\omega)}{\delta^*(0,5\,\rho u^2)^2} \right)$$

$\omega\delta^*/u$

nicht mehr stark ist) die Schallpegel vom Grenz-
schichtlärm bestimmt sind.

Auf die Geräuschentstehung durch turbulente
Grenzschichten wird ausführlich in Blake [3],
Kap. „Grundlagen der Körperschalldämmung
und -dämpfung" eingegangen. Außerdem finden
sich hier umfangreiche Literaturangaben.

2   Rohrleitungen (Kanäle)

Rohrleitungen gehören in vielen Industrieanlagen
zu den wichtigsten Schallquellen. Die durch Strömung innerhalb der Rohrleitungen erzeugten Geräusche sind in der Regel ohne Bedeutung für die
Schallabstrahlung der Rohrleitungen. Die Rohr-
leitungsgeräusche entstehen z. B. durch Gebläse,
Verdichter, Regelventile und Pumpen, an denen
die Rohrleitungen angeschlossen sind. Der erzeugte Gas- oder Flüssigkeitsschall (Fluidschall)
breitet sich im Strömungsmedium innerhalb der
Rohrleitung aus, regt die Rohrleitung zu Körper-
schallschwingungen an und wird dann zum Teil
als Luftschall nach außen abgestrahlt. Daneben
kann die Rohrleitung auch direkt durch Körperschallübertragung von der Schallquelle und durch
das aerodynamische bzw. hydrodynamische Nahfeld hinter der Schallquelle angeregt werden.
Beide Anregungsarten sind allerdings in der Praxis meistens von untergeordneter Bedeutung.

Dieser Abschnitt beschäftigt sich mit der
Schallabstrahlung von Rohrleitungen, die durch
den eingeleiteten Gas- oder Flüssigkeitsschall
(Fluidschall) angeregt werden. Mit „Rohrleitung"

werden im Folgenden sowohl Rohre mit Kreisquerschnitt als auch rechteckige Kanäle bezeichnet.

2.1   Schallabstrahlung in die Rohrleitung

Unterhalb der folgenden Grenzfrequenzen breiten
sich in einem langen, geraden Rohr oder Kanal
nur ebene Schallwellen (Schwingungsmoden null-
ter Ordnung) aus:

$$\textit{kreisförmiges Rohr} \quad f_G = 0,58\,\frac{c}{d_i}$$
$$\textit{rechteckiger Kanal} \quad f_G = 0,5\,\frac{c}{b} \qquad (36)$$

c Schallgeschwindigkeit des Strömungsmediums
innerhalb der Rohrleitung in m/s,
d_i Innendurchmesser des kreisförmigen Rohres in m,
b größte Seite des rechteckigen Kanals in m.

Oberhalb dieser Grenzfrequenzen erfolgt der
Schalltransport innerhalb der Rohrleitung zusätzlich durch zahlreiche andere Wellenarten. Vor allem im tieffrequenten Bereich, $f < f_G$, verhält sich
eine Schallquelle im Freifeld und in einer Rohrleitung unterschiedlich.

Abb. 24 zeigt den Unterschied zwischen der
Schallleistung P in einem kreisförmigen Rohr und
der Schallleistung P_0 im Freifeld, und zwar für
eine Monopolquelle. In dieser Abbildung ist das
Verhältnis P/P_0 aufgetragen über $k \cdot d_i$ ($k = 2\pi f/c$

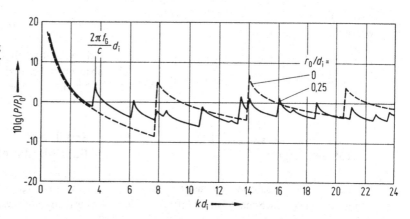

Abb. 24 Verhältnis der Schallleistung P im Kreisrohr zur Schallleistung P_0 im Freifeld, und zwar für einen Monopol und gemittelt über eine Bandbreite von $\Delta(k\,d_i) = 0,2$. $k = 2\pi f/c$ Wellenzahl, d_i Rohr-Innendurchmesser, r_0 Abstand des Monopols von der Rohrachse

Wellenzahl, f Frequenz, d_i Rohr-Innendurchmesser). Parameter ist der Abstand r_0 der Punktschallquelle von der Rohrachse.

Ein Monopol strahlt im Rohr im Bereich $k_0 \cdot d_i < 2$ eine deutlich höhere Schallleistung ab als im Freifeld, und zwar gilt etwa:

$$P/P_0 \approx 1 + (0{,}77 f_G/f)^2 \qquad (37)$$

Diese Näherung gilt auch für Dipol- und Quadrupolquellen, wenn über alle Richtungslagen dieser Quellen gemittelt wird.

2.2 Innerer Schallleistungspegel und Schalldruckpegel

Zwischen dem inneren Schallleistungspegel L_{Wi} (re 10^{-12} W) und dem Schalldruckpegel L_i (re $2 \cdot 10^{-5}$ Pa) innerhalb einer Rohrleitung gilt:

$$L_{Wi} = L_i + 10 \lg\left(\frac{\rho_0 \, c_0}{\rho \, c}\right) + 10 \lg(S) - K_d \qquad (38)$$

$\rho_0 \, c_0$ Kennimpedanz der Luft (≈ 410 Ns/m^3),
ρ Dichte des Strömungsmediums in kg/m^3,
c Schallgeschwindigkeit im Strömungsmedium in m/s,
S Innenquerschnittsfläche der Rohrleitung in m^2.

Die Kenngröße K_d berücksichtigt, dass die verschiedenen Schallwellen oberhalb der Grenzfrequenz f_G nicht nur senkrecht durch die Rohrquerschnittsfläche treten. Wird der Schalldruckpegel L_i an der Rohrwand gemessen, so kann näherungsweise gesetzt werden [84]:

$$K_d = \begin{cases} 0 & \text{für } f \leq 0{,}77 \cdot f_G \\ 3 + 10\lg\left[1 + 0{,}1 \cdot (f/f_G)^{1,3}\right] & \text{für } f > 0{,}77 \cdot f_G \end{cases} \qquad (39)$$

2.3 Schallleistung gasgefüllter Rohrleitungen

An der Stelle $l = 0$ einer sehr langen gasgefüllten Rohrleitung wird die innere Schallleistung $P(0)$ eingespeist (z. B. durch ein Gebläse). Diese innere Schallleistung vermindert sich entlang der Rohrleitung mehr oder weniger stetig, und zwar bei gasdurchströmten Rohrleitungen hauptsächlich infolge der dissipativen Prozesse in dem strömenden Medium sowie der Schallabsorption an der Rohrwand. Ein geringerer Anteil der Schallleistung wird dadurch abgebaut, dass Schall in die Rohrwand übertragen wird und dann durch Luftschallabstrahlung in den Außenraum, durch Körperschallübertragung auf andere Bauteile und durch Dämpfung im Rohrmaterial verloren geht. Es gilt für die an der Stelle l durch die gasdurchströmte Rohrleitung hindurchgehende Schallleistung

$$P(l) = P(0) \exp\left(-(\alpha + \tau)\,\frac{U}{S}\,l\right) \qquad (40)$$

α Schallabsorptionskoeffizient des strömenden Mediums und der Rohrleitungswand,
τ Schalltransmissionsgrad des Rohres,
U Umfang der Rohrleitung in m,
S Innenquerschnittsfläche der Rohrleitung in m^2

und für die von der Rohrleitung an der Stelle l pro Längeneinheit nach außen abgestrahlte Schallleistung

$$\frac{dP_a(l)}{dl} = P(l)\,\tau\,\frac{U}{S} \qquad (41)$$

Für eine hinreichend lange gasgefüllte Rohrleitung folgt für die insgesamt nach außen abgestrahlte Luftschallleistung

$$P_a = \frac{\tau}{\alpha + \tau}\,P(0) \qquad (42)$$

Auf den Schalltransmissionsgrad τ und den Schallabsorptionskoeffizienten α wird in Abschn. 2.7 und 2.5 eingegangen.

2.4 Schallleistung flüssigkeitsgefüllter Rohre

Bei einer flüssigkeitsgefüllten Rohrleitung besteht eine starke Kopplung zwischen dem Rohrinnenraum und der Rohrwand. Mit Hilfe der Statistischen Energie Analyse (SEA) kann die von einer Rohrleitung nach außen abgestrahlte Luftschallleistung P_a aus der eingespeisten Flüssigkeitschallleistung P_e abgeschätzt werden:

$$P_a = \frac{\eta_{wa}}{\eta + \eta_{wa}} P_e \tag{43}$$

η_{wa} Kopplungsverlustfaktor zwischen der Rohrwand (w) und dem Außenraum (a),

η Verlustfaktor der Rohrwand durch dissipative Prozesse in der Rohrwand sowie durch Körperschallübertragung über die Rohrhalter auf die tragende Struktur und auf die mit der Rohrwand körperschallmäßig verbundenen Bauteile.

Hierbei wurde vorausgesetzt, dass die Rohrleitung hinreichend lang ist und mehrere Krümmer besitzt, an denen der Übergang von Flüssigkeitsschall in Körperschall möglichst leicht ist. η enthält weder die Verluste durch Schallabstrahlung von der Rohrwand in den Rohrinnenraum noch die in den Außenraum. Auf den Verlustfaktor η und den Kopplungsverlustfaktor η_{wa} wird in Abschn. 2.6 und 2.8 eingegangen.

2.5 Schallpegelabnahme in gasgefüllten Rohrleitungen

Mit den Gl. (19) und (20) in [85] kann die Schallpegelabnahme ΔL_L pro Längeneinheit infolge dissipativer Prozesse innerhalb gasgefüllter Rohrleitungen (mit glatter Innenwandung) berechnet werden, wenn Verluste durch Strömungseffekte vernachlässigt werden. Näherungsweise ergibt sich aus diesen Beziehungen für alle Gase nachstehende vereinfachte Zahlenwertgleichung [86]:

$$\Delta L_L \approx 0,13 \, \frac{1}{\sqrt{S/1\,\mathrm{m}^2}} \sqrt{\frac{f/1\,\mathrm{Hz}}{p_s/1\,\mathrm{Pa}}} \sqrt[4]{\frac{T}{293}} \, \mathrm{dB/m} \tag{44}$$

S Innenquerschnittsfläche der Rohrleitung in m^2,
T absolute Temperatur in K,

f Frequenz in Hz,
p_s Druck in der Rohrleitung in Pa.

In Abb. 25 sind gemessene Schallpegelabnahmen in Rohren mit Kreisquerschnitt (bei Umgebungsbedingungen) den mit Gl. (44) berechneten Werten gegenübergestellt.

Die in Gl. (44) angegebenen Pegelabnahmen pro Längeneinheit gelten für gerade Rohrleitungen ohne Querschnittssprünge, Krümmer und Verzweigungen. Zur Abschätzung dieser Einflussgrößen können die Angaben in [85] verwendet werden. Die Pegelabnahme durch einen Rohrkrümmer ist sicher kleiner als 1 dB, solange die Schallwellenlänge größer als der Rohrinnendurchmesser ist (vgl. hierzu die Rohrleitungen 4 und 5 in Abb. 25).

Die turbulente Strömung in einer Rohrleitung bewirkt eine zusätzliche Schallpegelabnahme [87]. Diese lässt sich näherungsweise dadurch berücksichtigen, dass die rechte Seite der Gl. (44) multipliziert wird mit

$$(1 + 11. \, u/c) \tag{45}$$

u mittlere Strömungsgeschwindgeschwindigkeit in der Rohrleitung in m/s,
c Schallgeschwindigkeit im Strömungsmedium in m/s.

Zwischen dem Schallabsorptionskoeffizienten α und der Schallpegelabnahme ΔL_L pro Längeneinheit (in dB/m) in einer gasgefüllten Rohrleitung besteht der Zusammenhang

$$\alpha = 0,065. \sqrt{S}. \Delta L_L \tag{46}$$

2.6 Schallpegelabnahme auf Rohrleitungen bei Körperschallanregung

In einer im Bau befindlichen petrochemischen Anlage wurden fünf nichtisolierte, luftgefüllte, kreisförmige Stahlrohre [88] an einem Ende mit einem Hammerwerk angeregt und die Abnahme der Oktav-Beschleunigungspegel längs der Rohrleitung ermit-

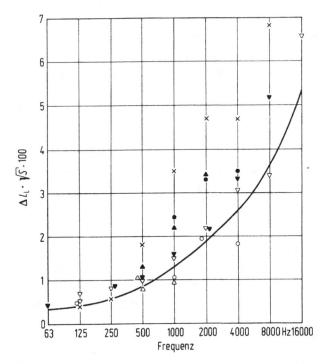

Symbol		Quelle	Nennweite in mm	Länge der Mess- strecke in m
1	△	[231]	50	
2	▲	[87]	75	
3	×	[94]	220	
4	▽		50	42 [1]
5	▼		50	42 [2]
6	○		200	91
7	●		300	85

[1] Rohrleitung ohne Krümmer
[2] Rohrleitung wie Nr. 4, aber mit zehn 90°-Krümmer

Abb. 25 Schallpegelabnahme in Rohren mit Kreisquerschnitt ohne Strömung, für Luft bei 1 bar und 20 °C. Näherung: Gl. (44).

telt. Für die Oktaven mit den Mittenfrequenzen 125 bis 4000 Hz ergab sich eine mittlere frequenzunabhängige Körperschallpegelabnahme von:

$$\Delta L_K \approx 0,24 \ dB/m \qquad (47)$$

Aufgrund dieser Ergebnisse (Oktaven 125 bis 4000 Hz) und ergänzender Prüfstandsmessungen (Oktaven 31,5 bis 8000 Hz) kann der gesamte Verlustfaktor η

- durch dissipative Prozesse in der Rohrwand sowie
- durch Körperschallübertragung auf die mit der Rohrwand körperschallmäßig verbundenen Bauteile

einer hinreichend langen Rohrleitung aus Stahl oder Aluminium angenähert werden durch:

$$\eta \approx \frac{0,02}{1 + 0,002 \cdot (f/1\,Hz)} \qquad (48)$$

f Frequenz in Hz.

Diese Näherung gilt für Rohrleitungen ohne besondere Dämpfungsmaßnahmen. Entscheidend für die Dämpfung einer Rohrleitung im unteren Frequenzbereich ist die Körperschallübertragung von der Rohrwand über die Rohrhalter auf die tragende Struktur.

2.7 Schalldämmung gasgefüllter Rohrleitungen

Nach einem Vorschlag in [89] wird als Definition des Schalldämmmaßes R_R für gasgefüllte Rohrleitungen die durch einen Rohrquerschnitt hindurchtretende Schallleistung P_i, bezogen auf die Innenquerschnittsfläche S, ins Verhältnis gesetzt zur nach außen abgestrahlten Schallleistung P_a, bezogen auf die abstrahlende Fläche $U \cdot l$ (U Umfang und l Länge der Rohrleitung):

$$R_R = 10\lg\left(\frac{1}{\tau}\right) = 10\lg\left(\frac{P_i}{P_a} \frac{U\,l}{S}\right) \qquad (49)$$

τ Schalltransmissionsgrad

Die betrachtete Rohleitung sei so kurz, dass keine Schallpegelabnahme in der Rohrleitung auftritt, und der Innenraum der Rohrleitung besitze einen schallabsorbierenden Abschluss.

Rohre mit kreisförmigem Querschnitt

Grundlegende experimentelle und theoretische Untersuchungen über die Schalldämmung von Zylinderschalen wurden von Lothar Cremer [90] und Manfred Heckl [91, 92] durchgeführt. Abb. 26 zeigt den typischen Frequenzverlauf des Schalldämmmaßes von gasgefüllten Rohren mit Kreisquerschnitt. Eine wichtige, das Schalldämmverhalten eines Rohres kennzeichnende Größe ist die sog. Ringdehnfrequenz:

$$f_R = \frac{c_L}{\pi \, d_i} \qquad (50)$$

c_L Longitudinalwellengeschwindigkeit im Rohrmaterial in m/s,

d_i Innendurchmesser des Rohres in m.

Es finden sich z. B. in [85], Tab. 3, Angaben für die Longitudinalwellengeschwindigkeit verschiedener Werkstoffe.

In der Nähe der Ringdehnfrequenz ist das Schalldämmmaß klein. Im Frequenzbereich oberhalb der Ringdehnfrequenz verhält sich ein Rohr näherungsweise wie eine ebene Platte. Für Frequenzen kleiner als die Ringdehnfrequenz hängt die Schalldämmung eines kreisförmigen, gasgefüllten Rohres stark von der Art des Schallfeldes (genauer des Wechseldruckfeldes) innerhalb der Rohrleitung ab.

Unterhalb der Grenzfrequenz f_G, siehe Gl. (36), können sich in einem langen und geraden Rohr nur ebene Wellen ausbreiten, was theoretisch zu einem hohen Schalldämmmaß führt. Diese hohen Schalldämmmaße werden in der Praxis nicht erreicht, weil die Anregung der Rohrwand im Allgemeinen nicht durch die Schwingungsmoden 0-ter Ordnung (ebene Wellen) erfolgt, sondern durch höhere Moden, für die die Schalldämmung wesentlich kleiner ist. Die Moden höherer Ordnung treten auf in der Nähe der Schallquelle (Nahfeld) und in der Nähe von Unsymmetrien in der Rohrleitung (d. h. Rohrkrümmer, Rohrverzweigungen, Rohrverengungen usw.). In diesen Bereichen erfolgt demnach hauptsächlich die Anregung der Rohrwand. Gelingt es, die Körperschallübertragung von diesen Anregestellen auf die geraden Teile der Rohrleitung zu verhindern, so können tatsächlich – wie in [93] gezeigt wird – im Frequenzbereich unterhalb der ersten Durchlassfrequenz f_G die theoretisch zu erwartenden hohen Schalldämmmaße annähernd erreicht werden. Besonders in diesem tieffrequenten Bereich $f < f_G$ führen also die Rohrkrümmer zu einer starken Verringerung der Schalldämmung kreisförmiger Rohre.

Im gesamten Frequenzbereich erhöht sich die Schalldämmung mit zunehmender Dämpfung der Rohrwandung. Die aus dem Rohrinnenraum auf die Rohrwand übertragene Körperschallleistung geht verloren durch:

– Dissipative Prozesse in der Rohrwand,
– Luftschallabstrahlung in den Außenraum,
– Körperschallübertragung über die Rohrhalter auf die tragende Struktur,
– Körperschallübertragung auf die mit der Rohrwand körperschallmäßig verbundenen Bauteile.

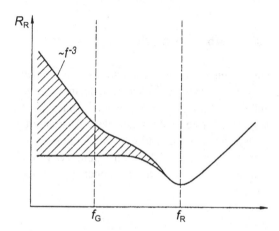

Abb. 26 Schalldämmmaß von gasgefüllten Rohren mit kreisförmigem Querschnitt

Basierend auf [85, 91–95] und ergänzenden theoretischen Betrachtungen können die Schalldämmmaße von gasdurchströmten Rohren mit

Kreisquerschnitt mit nachstehender Beziehung grob abgeschätzt werden:

$$R_R = 9 + 10 \lg \left[\frac{\rho_w c_L\, h}{\rho\, c\, d_i} \cdot A(f) \right]$$

$$mit\ A(f) = \left(\frac{f_R}{f}\right)^2 \frac{1}{1 + z\, \frac{d_i}{l}\, \frac{f_R}{f}}\quad für\ f < f_R$$

$$A(f) = \left(\frac{f}{f_R}\right)^2 \qquad für\ f \geq f_R \tag{51}$$

ρ_w Dichte des Rohrmaterials in kg/m^3,
h Wanddicke des Rohres in m,
c Schallgeschwindigkeit im Strömungsmedium in m/s,
ρ Dichte des Strömungsmediums in kg/m^3,
f Frequenz in Hz,
z Anzahl der Rohrkrümmer,
l Rohrlänge in m.

Voraussetzungen für diese Näherung sind:

- Die Schallanregung des Rohrinnenraume erfolgt breitbandig,
- die Anregung der Rohrleitung durch das akustische Nahfeld der Schallquelle ist vernachlässigbar,
- die Rohrleitung ist nicht elastisch – d. h. nicht „weich"-gelagert und
- die Strömungsgeschwindigkeit ist kleiner als 1/3 der Schallgeschwindigkeit.

Gl. (51) stellt eine Näherung dar, die im Hinblick auf eine wünschenswerte Sicherheit bewusst an die untere Grenze der vorhandenen Messwerte gelegt wurde.

Im tieffrequenten Bereich sind die Schalldämmmaße von Rohren mit Kreisquerschnitt deutlich größer als die von Rechteckkanälen bei gleichen Querschnittsflächen und Wanddicken.

Rechteckkanäle

Basierend auf [96] und ergänzenden experimentellen und theoretischen Untersuchungen lässt sich das Schalldämmmaß eines dünnwandigen, elastisch gelagerten Stahlkanals (ohne Versteifun-

gen und ohne besondere Bedämpfung) mit folgender Beziehung grob abschätzen:

$$R_R = 22 + 10 \lg \left[\frac{\rho_w h f}{\rho\, c} \right]\quad für\ f$$
$$\leq f_g/2 \tag{52}$$

ρ_w Dichte des Kanalmaterials in kg/m^3,
h Wanddicke des Kanals in m,
c Schallgeschwindigkeit im Strömungsmedium in m/s,
ρ Dichte des Strömungsmediums in kg/m^3,
f Frequenz in Hz.

Dabei ist die Spuranpassungsfrequenz einer ebenen Platte mit der gleichen Dicke wie die Rohrleitung (Schallabstrahlung nach außen) gegeben durch:

$$f_g = \frac{c_0^2}{1,8\, c_L\, h} \tag{53}$$

c_0 Schallgeschwindigkeit der Außenluft in m/s,
c_L Longitudinalwellengeschwindigkeit im Kanalmaterial in m/s.

Wird nennenswert Körperschall von der Kanalwand auf andere Bauteile übertragen (Kanal ist nicht elastisch gelagert), so erhöht sich der Verlustfaktor der Kanalwand und damit auch sein Schalldämmmaß gemäß Gl. (52), und zwar vor allem im tieffrequenten Bereich.

2.8 Abstrahlgrade

Durch den Abstrahlgrad σ wird der Zusammenhang zwischen Körperschallschnelle und der nach außen abgestrahlten Schallleistung einer Rohrleitung hergestellt. Zwischen dem Abstrahlgrad σ einer Rohrleitung und dem Strahlungsverlustfaktor η_{wa} zwischen der Rohrleitungswand und dem Luftaußenraum gilt folgender Zusammenhang:

$$\eta_{wa} = \frac{\rho_0\, c_0\, \sigma}{\rho_W\, h\, \omega} \tag{54}$$

ρ_0 Dichte des Mediums im Außenraum in kg/m^3,

c_0 Schallgeschwindigkeit des Mediums im Außenraum in m/s,

ρ_w Dichte der Rohrleitungswand in kg/m^3,

h Wanddicke des Rohres in m,

ω Kreisfrequenz in Hz.

Rohre mit kreisförmigem Querschnitt

Nach einem Vorschlag von Manfred Heckl kann der Abstrahlgrad σ eines kreisförmigen Rohres bei Luftschallabstrahlung nach außen wie folgt abgeschätzt werden [89, 91, 95, 97, 98], wenn die Spuranpassungsfrequenz f_g (Gl. (53)) und die zweite Ringfrequenz f_2 des Rohres

$$f_2 = 0,49 \frac{c_L h}{d_a^2} \tag{55}$$

sowie die Funktionen

$$G(f) = \left[1 + \frac{2}{\pi}\left(\frac{c_0}{\pi f d_a}\right)^3\right]^{-1}$$

$$X(f) = \frac{\lg\left(f/f_g\right)}{\lg\left(f_2/f_g\right)} \tag{56}$$

eingeführt werden (siehe auch Abb. 27):

$$\sigma = \begin{cases} G(f) & \text{für } f \leq f_2 \\ G(f_2)^{X(f)} & \text{für } f_2 < f < f_g \\ 1 & \text{für } f \geq f_g \end{cases} \tag{57}$$

c_L Longitudinalwellengeschwindigkeit im Rohrmaterial in m/s,

d_a Rohraußendurchmesser in m.

Für Rohre mit $h/d_a > c_0/c_L$ wird $f_2 > f_g$; hier wird empfohlen, die für $f < f_2$ angegebene Beziehung für den gesamten Frequenzbereich zu verwenden.

Wenn $f_2 < f$ ist, müssen drei Frequenzbereiche unterschieden werden (Abb. 27):

– Unterhalb der Frequenz f_2 (Gl. (55)) werden auf einem Rohr nur Biegewellen angeregt [91]. In diesem Frequenzbereich verhält sich ein langes Rohr wie ein Zylinderstrahler 1. Ordnung, der Abstrahlgrad steigt mit der 3. Potenz der Frequenz an.

– Oberhalb der Frequenz f_2 steigt der Abstrahlgrad wesentlich langsamer mit der Frequenz an, und zwar – abhängig von dem jeweiligen Rohr – mit einer Potenz zwischen etwa 0,5 und 1,2.

– Nach Erreichen der Frequenz f_g (Gl. (53)) nimmt der Abstrahlgrad des Rohres etwa den Wert 1 an.

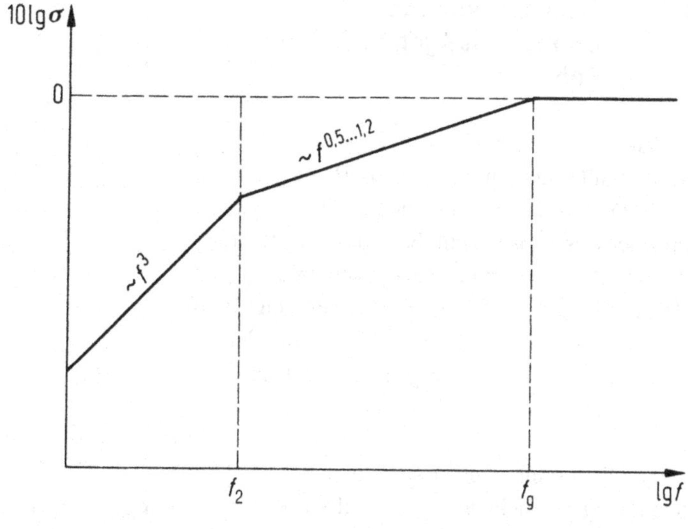

Abb. 27 Abstrahlmaß 10 lg(σ) von Rohren mit Kreisquerschnitt für $f_2 < f_g$, f_g und f_2 siehe Gl. (53) und (55)

Für $f_2 \geq f_g$ verhält sich ein Rohr im ganzen Frequenzbereich wie ein Zylinderstrahler 1. Ordnung. Die Abstrahlmaße eines Rohres mit Kreisquerschnitt bei Körperschallanregung unterscheiden sich nicht wesentlich von denen bei Luftschallanregung.

Rechteckige Kanäle

Basierend auf den Untersuchungen [96, 98] kann der Abstrahlgrad σ eines dünnwandigen, elastisch gelagerten Stahlkanals (ohne Versteifungen und ohne besondere Bedämpfung) bei Luftschallanregung aus dem Kanalinneren und bei Schallabstrahlung nach außen wie folgt abgeschätzt werden:

$$\sigma = \begin{cases} f/f_g & \text{für } f \leq f_g/4 \\ 1/4 & \text{für } f_g/4 < f < 0,8 f_g \\ 1 & \text{für } f \geq f_g \end{cases}$$

(58)

f_g Spuranpassungsfrequenz siehe Gl. (53) einer ebenen Platte mit der gleichen Dicke wie der Kanal in m.

Bei **Körperschallanregung** eines Rechteckkanales ist das Abstrahlmaß kleiner als bei Luftschallanregung und ist außerdem sehr stark abhängig von der Art der Anregung.

2.9 Schalldämmende Ummantelungen kreisförmiger Rohre

Eine der wichtigsten Maßnahmen zur Verringerung der Schallabstrahlung von Rohrleitungen sind schalldämmende Ummantelungen. Diese bestehen üblicherweise aus einem Faserdämmstoff, abgedeckt mit einem entdröhnten Metallblechmantel (Dicke ca. 0,5 - 1 mm). Unter Verwendung der in [99] beschriebenen Messmethode wurden bereits umfangreiche Untersuchungen über die schalldämmende Wirkung von Rohrummantelungen durchgeführt.

Die Wirksamkeit einer schalldämmenden Ummantelung ist nicht nur vom Aufbau der Rohrummantelung abhängig, sondern auch vom Rohr-

durchmesser. Eine Abschätzung der zu erwartenden Einfügungsdämpfung D_e gelingt mit [99]:

$$D_e = \frac{40}{1+0,12/d_a} \lg\left(\frac{f}{2,2 f_0}\right) \quad \text{für } f > f_0$$

mit

$$f_0 = \frac{60}{\sqrt{m'' h_F}}$$

(59)

m'' Flächengewicht des Blechmantels in kg/m^2,
h_F Dicke der Faserdämmschicht in m,
d_a Rohraußendurchmesser in m,
f Frequenz in Hz.

Diese Beziehung gilt für Ummantelungen ohne starre Abstandshalter.

Die Standardabweichung der Messwerte zu den durch die Näherungsbeziehung ermittelten Werten beträgt 4 dB. Abb. 28 zeigt den Verlauf

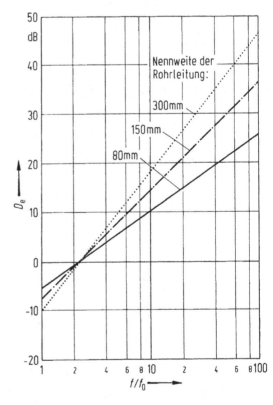

Abb. 28 Näherungsbeziehung für die Einfügungsdämpfung einer schalldämmenden Ummantelung mit 100 mm Dicke

der Dämmkurven für Rohrummantelungen mit 100 mm Dicke auf Rohrleitungen mit Nennweiten von 80, 150 und 300 mm.

3 Ventilatoren (Gebläse)

Die gebräuchlichsten Ventilatortypen sind Radialventilatoren und Axialventilatoren (Kap. „Schallabsorber", umfangreiche Literatur findet sich in [100] (Abb. 29)

3.1 Kennzeichnung

Ventilatoren werden üblicherweise durch ihr Kennfeld, das $\Delta p - \dot{V}$-Diagramm, gekennzeichnet. Dabei ist Δp (Pa) der Gesamtdruck (Förderdruck), d. h. die Druckdifferenz zwischen der Druck- und der Saugseite des Ventilators, und $\dot{V}$ (m³/s) das in der Zeiteinheit geförderte Volumen des Strömungsmediums. In diesem Diagramm werden die Funktionen $\Delta p(\dot{V})$ (Ventilatorkennlinien) angegeben, und zwar mit der Drehzahl des Ventilators als Parameter.

Die Förderleistung P_L(W) eines Ventilators ist gegeben durch

$$P_L = \Delta p \cdot \dot{V} \qquad (60)$$

Sein Wirkungsgrad η ist definiert als Quotient aus Förderleistung P_L und aufgenommener Leistung P_e:

$$\eta = \frac{P_L}{P_e} \qquad (61)$$

Der vom Ventilator erzeugte Förderdruck dient zur Überwindung der Druckverluste, die hervorgerufen werden durch die Einbauten, die Querschnittssprünge, die Umlenkungen usw. in den Rohrleitungen vor und hinter dem Ventilator. Ausführliche Angaben über die zu erwartenden Druckverluste in durchströmten Kanälen findet man z. B. in [101, 102]. In den häufigsten Fällen ist der Förderdruck proportional zum Quadrat der geförderten Luftmenge:

$$\Delta p = W \cdot \dot{V}^2. \qquad (62)$$

Dabei ist W der gesamte Widerstand des an den Ventilator angeschlossenen Leitungssystems. Gl.

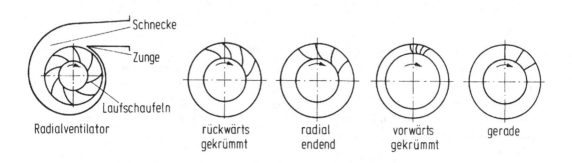

Radialventilator   rückwärts gekrümmt   radial endend   vorwärts gekrümmt   gerade

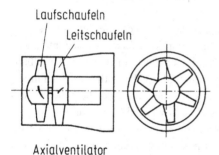

Axialventilator

Abb. 29 Wesentliche Ventilatortypen

Abb. 30 Übersicht über die verschiedenen Bauformen von Ventilatoren

	Bauart	Schema	Lieferzahl φ	Druckzahl ψ	Anwendung
Axialventilatoren	Wandventilator	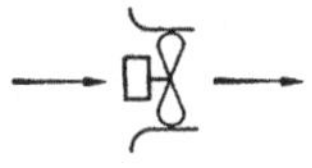	0,1...0,25	0,05...0,1	für Fenster und Wandeinbau
Axialventilatoren	ohne Leitrad	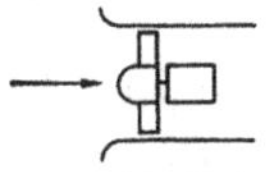	0,15...0,30	0,1...0,3	bei geringen Drücken
Axialventilatoren	mit Leitrad	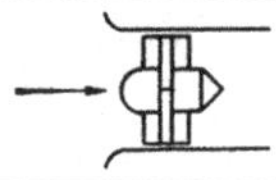	0,3...0,6	0,3...0,6	bei höheren Drücken
Axialventilatoren	Gegenläufer	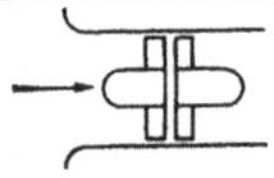	0,2...0,8	1,0...3,0	in Sonderfällen
Radialventilatoren	rückwärts gekrümmte Schaufeln	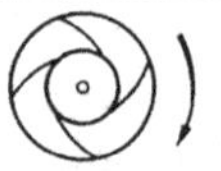	0,2...0,4	0,6...1,0	bei hohen Drücken und Wirkungsgraden
Radialventilatoren	gerade Schaufeln	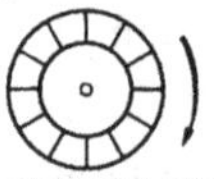	0,3...0,6	1,0...2,0	in Sonderfällen
Radialventilatoren	vorwärts gekrümmte Schaufeln	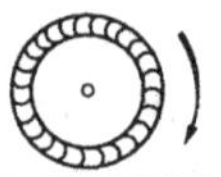	0,4...1,0	2,0...3,0	bei geringen Drücken und Wirkungsgraden
Querstromventilatoren		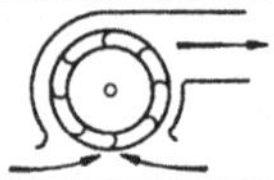	1,0...2,0	2,5...4,0	hohe Drücke bei geringem Platzverbrauch

(62) wird auch als „Kennlinie des Leitungssystems" bezeichnet.

Zur weiteren Kennzeichnung der verschiedenen Ventilatoren ist es üblich, unter Verwendung des Durchmessers D und der Umfangsgeschwindigkeit U des Laufrades die folgenden Kenngrößen einzuführen:

Lieferzahl

$$\phi = \frac{\dot{V}}{\frac{\pi}{4} \cdot D^2\, U} \qquad (63)$$

Druckzahl

$$\psi = \frac{\Delta p}{0,5\rho\, U^2} \qquad (64)$$

ρ Dichte des Strömungsmediums in kg/m^3.

Abb. 30 gibt eine Übersicht nach [101] über die verschiedenen Bauformen von Ventilatoren mit Angaben für φ und ψ. Aus Abb. 31 gehen typische Kennlinienfelder der Hauptbauformen der Ventilatoren hervor (vgl. [103, 101]).

3.2 Schallentstehung

Die Geräuschspektren von Ventilatoren setzen sich aus einem breitbandigen Rauschanteil und überlagerten Tönen zusammen. Für das breitbandige Rauschen sind im Wesentlichen Schallquellen mit Dipolcharakter verantwortlich, die zurückzuführen sind auf Wirbelablösung und turbulente Anströmung von festen Konstruktionsteilen. Einzeltöne im Spektrum werden hauptsächlich durch periodische Wechselkräfte hervorgerufen, die

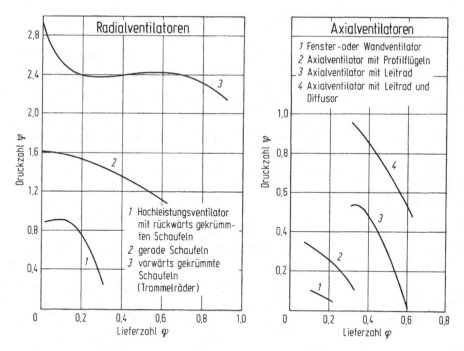

Abb. 31 Typische dimensionslose Kennlinien von Radial- und Axialventilatoren der Lüftungstechnik

durch die Wechselwirkung von bewegten und unbewegten festen Konstruktionsteilen des Ventilators und die damit verbundene periodisch schwankende Anströmung dieser Teile entstehen.

Im Folgenden werden die wesentlichen Schallentstehungsmechanismen von Ventilatoren zusammengestellt, s. Tab. 2. Außerdem wird skizziert, welchen Einfluss die wohl wichtigsten Größen auf den abgestrahlten Schall ausüben dürften (siehe auch Kap. „Fluglärm", Propellerantriebe). Dabei sind

u Relativgeschwindigkeit zwischen den Schaufeln und dem strömenden Gas,

c Schallgeschwindigkeit im Strömungsmedium,

$M = u/c$ Machzahl,

b Laufradbreite,

Tu Turbulenzgrad der Schaufelanströmung,

Θ Projektion der Schaufel senkrecht zur Strömungsrichtung,

S_L gesamte Fläche der Laufschaufeln,

z Anzahl der Laufschaufeln,

P abgestrahlte Schallleistung,

R Radius des Ventilators,

n Drehzahl des Ventilators.

3.3 Näherungsweise Berechnung der Schallabstrahlung

Basierend auf zahlreichen Messungen wurden verschiedene empirische Beziehungen für den Schallleistungspegel L_W von Ventilatoren aufgestellt [114–122].

Die Oktav-Schallleistungspegel $L_{W/Okt}$ (re 10^{-12} W) des in den angeschlossenen Druckkanal abgestrahlten breitbandigen Rauschens können mit nachstehender Beziehung abgeschätzt werden:

$$L_{W/Okt}(f_m) = 79 + 10\lg\left\{\frac{P_e \cdot (1-\eta) \cdot (U/c)^{1,5}}{1 + (St/St_0)^m}\right\} \, dB.$$

(65)

mit

	St_0	m
Radialventilator	2,5	1,5
Trommelläufer	5	1,5
Axialventilator mit Nachleitrad (einstufig)	17	1,7

Tab. 2 Wesentliche Geräuschursachen für Ventilatoren

Radialventilator		
Schallentstehung durch Wechselkräfte auf den Schaufelflächen infolge der Wirbelablösung an der Schaufelhinterkante,	$P \sim \rho u^3 M^{(2....3)} z b^{(1....2)}$, P wächst mit Tu und mit dem Kohärenzgrad der Wirbelablösung, dieser ist abhängig von b und der Art der Schaufelbegrenzung (vgl. Abb. 19),	breitbandiges Spektrum mit einem breiten Frequenzmaximum (Dopplereffekt [33, 34]) bei $f_{max} \approx$ 0, 18 u/Θ [34, 104], oberhalb dieses Maximums Abfall mit etwa 4 dB/Oktave (vgl. Abb. 18).
Schallentstehung durch Wechselkräfte auf den Schaufelflächen, hervorgerufen durch den turbulenten Nachlauf hinter Schaufeleintritt, Vorleitapparaten, Streben, Einlaufdüsen, o. dgl.,	$P \sim \rho u^3 M^3 S_L$ und $P \sim Tu^2$ [105],	breitbandiges Spektrum.
Schallentstehung durch Wechselkräfte auf der Oberfläche der Zunge infolge der mit der Wirbelablösung verbundenen starken turbulenten Anströmung,	$P \sim \rho u^3 M^3$, P wächst bei Verringerung des Zungenabstandes [106], vgl. Abb. 32; kaum Einfluss des Zungenradius [106],	breitbandiges Spektrum.
Schallentstehung durch Wechselkräfte auf der Zunge (und den Schaufeln), die durch die Wechselwirkung zwischen den Schaufeln und der Zunge entstehen,	$P \sim u^3 M^3$ [106], P wächst sehr stark bei Verringerung des Zungenabstandes [106, 107, 108], vgl. Abb. 32; Einfluss des Zungenradius vorhanden [106],	Spektrum besteht aus Einzeltönen fv ($\nu = 0, 1, 2, \ldots$), bei z symmetrisch angeordneten Schaufeln gilt: $f_\nu = (\nu + 1) z n$, mit wachsendem Zungenabstand verringert sich Anteil der Obertöne [106], vgl. Abb. 32.
Axialventilator		
Schallentstehung durch Wechselkräfte auf den Laufschaufeln, verursacht durch die Wirbelablösung an der Hinterkante,	$P \sim \rho u^3 M^{(2.....3)} z R$, P wächst mit Tu und ist abhängig vom Anstellwinkel der Laufschaufeln,	breitbandiges Spektrum mit breitem Frequenzmaximum bei $f_{max} \approx 0, 18$ u/Θ [34, 104], oberhalb dieses Maximums Abfall mit etwa 4 dB/Oktave (vgl. Abb. 18).
Schallentstehung durch Wechselkräfte auf den Laufschaufeln infolge des turbulenten Nachlaufs von Vorleitapparaten, Streben, Einlaufdüsen o. dgl.,	$P \sim \rho u^3 M^3 S_L$ und $P \sim Tu^2$ [105, 109],	breitbandiges Spektrum.
Schallentstehung durch Wechselkräfte auf nachgeschalteten Leitschaufeln, hervorgerufen durch den turbulenten Nachlauf der Laufschaufeln,	$P \sim \rho u^3 M^3$, P wächst bei Verringerung des Abstandes zwischen Rotor und Stator,	breitbandiges Spektrum.
Schallentstehung durch Wechselkräfte auf den Leit- und Laufschaufeln, die durch die Wechselwirkung zwischen den Lauf- und Leitschaufeln entstehen [105, 110, 111, 112],	$P \sim \rho u^3 M^{(2....3)}$, P wächst sehr stark bei Verringerung des Abstandes zwischen Rotor und Stator [105, 109], vgl. Abb. 33, P nimmt mit zunehmendem z ab [113] und ist abhängig vom Winkel zwischen Stator und Rotor [105],	Spektrum besteht aus Einzeltönen f_ν $\sim n$, diese sind abhängig von der Zahl der Leit- und Laufschaufeln sowie deren Anordnung, mit wachsendem Abstand zwischen Stator und Rotor verringert sich der Anteil der Obertöne.

P_e vom Ventilator aufgenommene Leistung in W,
f_m Oktav-Mittenfrequenz in Hz,
η Ventilator-Wirkungsgrad,
U Umfangsgeschwindigkeit des Ventilators in m/s,

c Schallgeschwindigkeit in der Druckleitung in m/s,
$St = f_m \cdot D/U$,
D Durchmesser der Laufschaufeln in m.

Saugt ein Radialventilator nicht aus einer langen Rohrleitung, sondern aus einer Saugtasche oder einem unmittelbar vorgeschalteten 90°-Krümmer an, so erhöht sich die tieffrequente Turbulenz der Anströmung des Ventilators. Hiermit ist eine Erhöhung der Oktav-Schallleistungspegel um ca. 3 dB verbunden. Pegelbestimmende Einzeltöne im Spektrum treten bei den Radialventilatoren durch Wechselwirkung zwischen den Schaufeln und der Zunge und bei den Axialventilatoren mit Nachleitrad durch Wechselwirkung zwischen den Lauf- und Leitschaufeln auf. Die Frequenzen der Einzeltöne sind gegeben durch:

$$f_\nu = (\nu + 1) \cdot z \cdot n \quad mit \; \nu$$
$$= 0, 1, 2, \ldots \ldots \tag{66}$$

z Anzahl der Laufschaufeln,
n Drehzahl in 1/s.

Zur näherungsweisen Berücksichtigung dieser Einzeltöne auf die abgestrahlte Schallleistung werden für die Oktaven, die die Einzeltöne enthalten ($f_m > 0,7 f_0$), zu den mit Gl. (65) berechneten Oktav-Schallleistungspegeln $L_{W/Okt}$ folgende Pegelzuschläge ΔL gemacht (empirische Beziehungen):

Radialventilator

$$\Delta L = 10 \lg \left\{ 1 + 0,4 \left(\frac{f_0}{f_m} \right)^{2,5} \frac{(U/c)^{1,5}}{\Delta r/D} \right\}. \tag{67}$$

Axialventilator mit Nachleitrad

$$\Delta L = 10 \lg \left\{ 1 + 4 / \left(1 + \left(\frac{f_m}{8 f_0} \right)^2 \right) \right\}. \tag{68}$$

Δr minimaler Abstand zwischen Laufschaufeln und Zunge in m,
$f_0 = z\,n$ in Hz (Gl. (66))

Zur Abschätzung der Oktav-Schallleistungspegel der in den Saugkanal abgestrahlten Geräusche werden die mit den Gl. (65) bis (68) berechneten Pegel um 2 dB reduziert.

Die näherungsweise Berechnung der von der Saug- und Druckleitung nach außen abgestrahlten Luftschallleistung erfolgt unter Berücksichtigung der Beziehungen in Abschn. 2.

Besitzt die Saug- oder Druckleitung eine Öffnung ins Freie, so kann die von dieser Öffnung nach außen abgestrahlte Luftschallleistung unter Verwendung der Auslassdämpfung berechnet werden (siehe auch [121]).

In **Luftkühlern und Ventilator-Kühltürmen** werden einstufige Axialventilatoren verwendet. Die Geräuschspektren sind im Allgemeinen breitbandig ohne hervortretende Einzeltöne [119]. Einzeltöne können jedoch dann auftreten,

- wenn sich feste Hindernisse in der Nähe der rotierenden Ventilatorflügel befinden und
- wenn vom Getriebe oder vom direkt antreibenden Motor Körperschall über die Antriebswelle auf die Nabe und die Flügel des Ventilators übertragen und von diesen Bauteilen dann als Luftschall abgestrahlt wird.

Nach [119] können die Oktav-Schallleistungspegel (re 10^{-12} W) der von einem solchen Axialventilator insgesamt saug- und druckseitig abgestrahlten Geräusche mit

$$L_{W/Okt}(f_m) = 87$$
$$+ 10 \lg \left\{ \frac{P_e \cdot (U/c)^3}{1 + (St/17)^{1,5}} \right\} \; dB. \tag{69}$$

näherungsweise berechnet werden:

Mit dieser Beziehung kann der gesamte A-Schallleistungspegel von Axialventilatoren für Luftkühler und Ventilator-Kühltürme mit einer Genauigkeit von +2/-4 dB(A) bestimmt werden. Bei Axialventilatoren mit sehr breiten, profilierten und stark spitzenentlasteten Flügeln ergeben sich bis zu 5 dB niedrigere Schallpegel als mit Gl. (69) berechnet.

Mit guter Näherung kann Gl. (69) auch für andere einstufige Axialventilatoren ohne Leitrad verwendet werden, die ins Freifeld abstrahlen (z. B. für Wandventilatoren).

3.4   Geräuschminderung

Konstruktive Maßnahmen an den Ventilatoren sind nur dann interessant, wenn bei gleicher Förderleistung eine Verringerung der Schallabstrahlung möglich wird. Folgende Punkte sind dabei zu beachten (siehe auch [100, 123, 122, 124, 125, 126]):

Radialventilator
– Die Relativgeschwindigkeit u zwischen den Schaufeln und dem Strömungsmedium soll bei gleicher Förderleistung – φ und ψ möglichst groß – möglichst klein sein, dies ist erreichbar durch:
   – Erhöhung der Flügelzahl, damit Verringerung von u bei gleichem U,

– Vergrößerung der Ventilatordimensionen,
– strömungstechnisch günstige Ausbildung des Einlaufs zur Verringerung des Druckverlustes (Diffusor, mit Leitschaufeln Vorsicht!).
– Der Abstand zwischen Zunge und Laufrad soll stets so groß sein, wie das strömungstechnisch noch zulässig ist (vgl. Abb. 32, Wirkungsgrad!).
– Hindernisse und Störungen im Einlauf sind zu vermeiden [127].
– Beidseitige Schaufeleinspannungen sind zu vermeiden, vgl. Abb. 19.

Axialventilator
– Die Relativgeschwindigkeit u zwischen den Schaufeln und dem Strömungsmedium soll bei gleicher Förderleistung – φ und ψ mög-

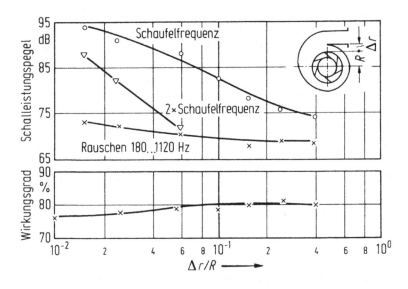

Abb. 32 Einfluss des Zungenabstandes Δr auf die wichtigsten Geräuschanteile und den Wirkungsgrad eines Radialventilators nach [106] bei optimaler Lieferzahl φ_{opt}

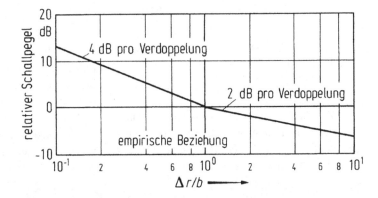

Abb. 33 Einfluss des Abstandes zwischen Rotor und Stator auf den Grundton, der durch die Wechselwirkung zwischen Lauf- und Leitschaufeln beim Axialventilator entsteht, nach [109]. Δr Abstand zwischen Rotor und Stator, b Länge der Leitschaufeln (=Länge der Laufschaufeln)

Strömungsgeräusche 33

lichst groß – möglichst klein sein (siehe Abb. 34; dies ist erreichbar durch:
- Erhöhung der Flügelzahl,
- Vergrößerung der Schaufelbreite,
- Vergrößerung des Flügeldurchmessers,
- profilierte Schaufeln,
- strömungstechnisch günstige Ausbildung des Einlaufs und Auslaufs zur Verringerung des Druckverlustes (Diffusor, Nabenkonus, Hindernisse und Störungen im Einlauf sind zu vermeiden, siehe Abb. 35,
- große Anstellwinkel,
- kleiner Laufradspalt (nur zu empfehlen bei geringen Variationen des Laufradspaltes [128, 129, 130],
- nachgeschaltete Leitapparate (Vorsicht, Einzeltöne!).
- Vorleitapparate sind zu vermeiden.
- Der Abstand zwischen Laufrad und Nachleitapparat soll mindestens 20 bis 30 Verdrängungsdicken betragen.
- Die Wirbelablösung an den Laufschaufeln kann durch Maßnahmen an deren Hinterkante beeinflusst werden.

	Axialventilator A	B
Volumenfluss in m³/s	335	400
Förderdruck in Pa	162	157
Ventilatordurchmesser in mm	7100	7100
Schaufelzahl	5	6
Umfangsgeschwindigkeit in m/s	65	38
Flügelbreite	klein	groß
Schallleistungspegel in dB(A)	110	99,5

Abb. 34 Oktav-Schallleistungsspektren von zwei Axialventilatoren für Kühltürme bei vergleichbaren Betriebsbedingungen

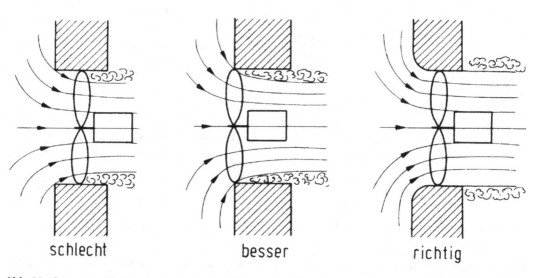

Abb. 35 Guter und schlechter Einbau von Axiallüftern aus [103]

Bei der Auswahl eines Ventilators und der Auslegung des angeschlossenen Kanalsystems sollten folgende Gesichtspunkte beachtet werden:

- Die Druckverluste im angeschlossenen Rohrleitungssystem sollen möglichst klein gehalten und unnötige Querschnittssprünge und Umlenkungen vermieden werden, eventuell kann Konvektion ausgenutzt werden.
- Es soll ein Ventilator ausgewählt werden, der bei vorgegebener Fördermenge und der erforderlichen Pressung (genaue Kenntnis der Kennlinie des Rohrleitungssystems notwendig!) im Bereich des maximalen Wirkungsgrades (Punkt d in Abb. 36) arbeitet. Der Ventilator sollte nie auf einem aufsteigenden Ast oder in einem Sattelpunkt der Kennlinie (Bereich zwischen den Punkten b und c in Abb. 36) betrieben werden [100]. Die dadurch häufig entstehenden tieffrequenten Druckschwankungen führen zu erhöhter Lärmentwicklung und dem „Pumpen" des Ventilators.
- Die Einstellung des Volumenstrombedarfs sollte möglichst durch Drehzahlregelung erfolgen, nicht durch Drallklappenverstellung oder Drosselvorrichtungen [127, 131] (Abb. 37).

- Zusätzliche Schallpegelabnahme im Kanalsystem bei tiefen Frequenzen kann durch Verwendung von dünnwandigen rechteckigen Kanälen erreicht werden.

Die wirksamste Maßnahme zur Verminderung des Ventilatorlärms ist der Einbau von Schalldämpfern (vgl. Kap. „Schalldämpfer").

4 Verdichter

In diesem Abschnitt wird auf zwei typische Verdichterbauarten eingegangen:

- **Schraubenverdichter**, diese werden für große Druckerhöhungen eingesetzt.
- **Axiale Turboverdichter**, diese werden für große Massenströme bei nicht zu großen Druckerhöhungen eingesetzt.

4.1 Schallentstehung

Schraubenverdichter. Die Verdichtergeräusche sind hauptsächlich auf die periodische Förderung

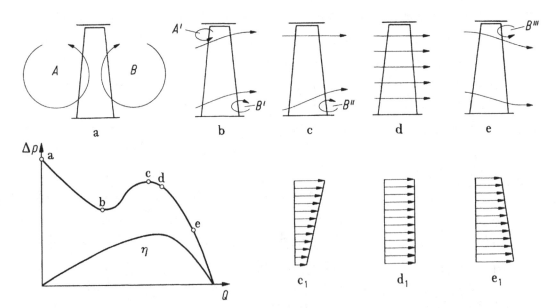

Abb. 36 Schematische Darstellung der verschiedenen Strömungszustände eines Axialläufers bei verschiedenen Drosselzuständen aus [103]

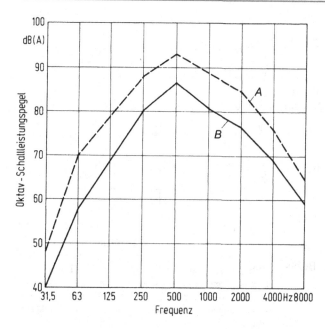

Symbol	A	B
Drehzahl in min^{-1}	1470	1200
Wellenleistung in kW	1670	1130
Drallklappenstellung in Grad	-55	0
Volumenstrom in m^3/s	70	70
Druckerhöhung in mbar	134	135
$L_{A,1m}$ in dB(A)	95,5	88,5

Abb. 37 Oktav-Schalldruckpegel in 1 m Abstand von einem Radialgebläse. Einstellung des Volumenstrombedarfs durch Drallklappenregelung (A) bzw. durch Drehzahlregelung (B)

des Gases sowie in geringerem Maße auf die Strömungs- und Entspannungsvorgänge beim Druckausgleich am Druckstutzen zurückzuführen. Die Spektren der in die angeschlossene Druckleitung übertragenen tonalen Geräuschanteile können mit guter Genauigkeit berechnet werden, wenn der zeitliche Volumenfluss aufgrund der Konstruktionsdaten des Verdichters bekannt ist. Die Geräuschspektren bestehen im Wesentlichen aus harmonisch liegenden Einzeltönen, und zwar mit der Grundfrequenz:

$$f_0 = z_H\, n_H \qquad (70)$$

z_H Hauptläuferzähnezahl,
n_H Drehzahl des Hauptläufers in 1/s.

Ist der Druck im Zahnlückenvolumen am Ende des Verdichtungsvorganges kleiner als der Druck in der Druckleitung, so erfolgt nach dem Öffnen des Zahnlückenvolumens zur Druckleitung zunächst eine Rückströmung von der Druckleitung in das Zahnlückenvolumen. Hierbei entstehen besonders hohe Schallpegel.

Axiale Turboverdichter. Die im Verdichter durch Strömungsvorgänge entstehenden Geräu-

sche setzen sich aus einem breitbandigen Rauschanteil und überlagerten Tönen zusammen. Das breitbandige Rauschen wird hervorgerufen:

– Durch Wechselkräfte auf den Laufschaufeln, verursacht durch die Wirbelablösung an der Hinterkante und durch den turbulenten Nachlauf von Vorleitapparaten, Streben sowie Einlaufdüsen und
– durch Wechselkräfte auf nachgeschalteten Leitschaufeln infolge des turbulenten Nachlaufs der Laufschaufeln.

Die Einzeltöne entstehen hauptsächlich durch periodische Wechselkräfte auf den Leit- und Laufschaufeln, die auf die Wechselwirkung zwischen den Lauf- und Leitschaufeln zurückzuführen sind [105, 110, 111, 132, 112].

Schallübertragungswege. Die bei beiden Verdichterbauarten erzeugten Geräusche werden nach außen abgestrahlt über

– die Verdichtergehäuse,
– die angeschlossenen Rohrleitungen,

– die Kühler,
– die Ölabscheider (bei ölgefluteten Schraubenverdichtern).

Ohne Schallschutzmaßnahmen werden die wesentlichen Geräusche über die angeschlossenen
Rohrleitungen nach außen abgestrahlt.

4.2 Näherungsweise Berechnung der Schallabstrahlung

Schraubenverdichter. Eine Abschätzung der un-
bewerteten Oktav-Schallleistungspegel $L_{W/Okt}$ (re
10^{-12} W) der in die Saug- und Druckleitung übertragenen Geräusche gelingt mit folgender Beziehung:

$$L_{W/Okt} = 147$$
$$+ 20 \lg (\dot{V}) + \Delta L_{Okt} \quad dB \quad (71)$$

mit

f_m/f_0	0,5	1	2	4	8	16
Druckleitung ΔL_{Okt}	− 20	− 4	− 4,5	− 10	− 18	− 21
Saugleitung ΔL_{Okt}	− 31	− 16	− 17	− 18	− 19,5	− 21

$\dot{V}$ ansaugseitiger Volumenfluss in m³/s,
f_m Oktav-Mittenfrequenz in Hz,
f_0 siehe Gl. (70).

Die Abschätzung der von der Saug- und
Druckleitung nach außen abgestrahlten Schallleistung erfolgt unter Berücksichtigung der Beziehungen in Abschn. 2.
Axiale Turboverdichter. Eine grobe Abschätzung der A-Schallleistungspegel L_{WA} der insgesamt
über die verschiedenen Schallübertragungswege
(ohne Schallschutzmaßnahmen) abgestrahlten Verdichtergeräusche gelingt mit nachstehender Beziehung (siehe auch Abb. 38):

$$L_{WA/Okt} = 112$$
$$+ 20 \lg (P_N/1\,MW) \quad dB(A) \quad (72)$$

P_N Antriebsnennleistung in MW.

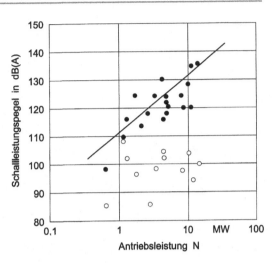

Abb. 38 A-Schallleistungspegel von axialen Turboverdichtern und den angeschlossenen Rohrleitungen. • Schallabstrahlung vom Verdichtergehäuse und den angeschlossenen
Rohrleitungen, o Schallabstrahlung nur vom Verdichtergehäuse

Die A-Schallleistungspegel der Verdichtergehäuse sind in der Regel 5 bis 35 dB(A) geringer
als die der angeschlossenen Rohrleitungen
(Abb. 38).
Zur Abschätzung des A-bewerteten Oktavspektrums $L_{WA/Okt}$ kann Abb. 39 dienen.

4.3 Geräuschminderung

Sowohl bei den Schraubenverdichtern als auch
bei den Turboverdichtern kommen zur Verringerung der Luft- und Körperschallübertragung auf die angeschlossenen Rohrleitungen
Schalldämpfer zum Einsatz, die sowohl den
Gasschall in den Rohrleitungen als auch den
Körperschall auf den Rohrleitungen verringern.
Gebräuchlichste Schallschutzmaßnahme bei
den Rohrleitungen sind allerdings schalldämmende Ummantelungen (siehe Abschn. 2.9).
Zur Verringerung der Luftschallabstrahlung
werden größere Verdichter in einem Gebäude aufgestellt oder aber mit schalldämmenden Kapseln
versehen.

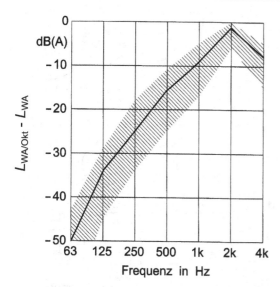

Abb. 39 Mittleres normiertes A-bewertetes Oktav-Schall-leistungsspektrum von axialen Turboverdichtern einschließ-lich der angeschlossenen Rohrleitungen ohne sekundären Schallschutz. $L_{WA/Okt}$ A-bewerteter Oktav-Schallleistungs-pegel, L_{WA} gesamter A-Schallleistungspegel

5   Pumpen

Im Folgenden werden zunächst die wichtigsten Pumpenarten beschrieben; nähere Angaben können [133–137] entnommen werden.[3]

Die **hydrostatischen Pumpen** werden zur Erzeugung sehr hoher Drücke eingesetzt. Charakteristisch für die Pumpen ist der mechanische Abschluss zwischen Saug- und Druckseite; außerdem ist je nach Dichtigkeit dieses Abschlusses die Fördermenge nur wenig vom Gegendruck (Förderhöhe) abhängig. Die wichtigsten hydrostatischen Pumpen sind Flügelzellenpumpe, Zahnradpumpe, Axialkolbenpumpe und Spindelpumpe (Prinzipskizzen siehe Abb. 40).

Bei den **hydrodynamischen Pumpen** (Kreiselpumpen, Prinzipskizze in Abb. 41) besteht zwischen dem Saug- und Druckstutzen kein

---

[3]Dieser Abschnitt basiert auf einer früheren Ausarbeitung von Ch. Mühle.

mechanischer Abschluss. Der Druckunterschied zwischen beiden Stutzen muss durch hydrodynamische Kräfte aufrechterhalten werden. Die Schaufeln des rotierenden Laufrades erteilen der axial zuströmenden Flüssigkeit Geschwindigkeitsenergie, die zum großen Teil in Druckenergie umgesetzt wird. Die Förderung erfolgt kontinuierlich.

5.1   Schallentstehung

Die Hauptursachen für die Geräuschabstrahlung einer Pumpe sind die beim Pumpvorgang erzeugten Wechseldrücke in der Flüssigkeit. Die durch die Bewegung mechanischer Übertragungselemente (Verzahnung, Lagerung, Antrieb u. a.) verursachten Körperschallpegel sind meist wesentlich geringer.

Hydrostatische Pumpen

Bei den hydrostatischen Pumpen kommen im Wesentlichen drei Mechanismen für die Geräuscherzeugung in Betracht:

– Kavitation und Ausscheidung von Gas beim Ansaugen,
– periodische Schwankungen der Fördermenge und damit verbundene Änderungen der Strömungsgeschwindigkeit und
– impulsartige Druckausgleichsvorgänge beim Zusammentreffen von Flüssigkeitsvolumina unterschiedlichen Druckes. Dieser Mechanismus tritt bei der Spindelpumpe nicht auf.

Ausscheidung von Gas und Kavitation beim Ansaugen. Mit abnehmendem Saugdruck scheidet sich das in der Flüssigkeit gelöste Gas in Blasenform aus, es bildet sich ein Gas-Flüssigkeitsgemisch. Hiermit wird der abgestrahlte Luftschall erhöht (Abb. 42). Wesentlich unangenehmer als die Geräusche beim Ausscheiden des Gases sind die Kavitationsgeräusche (siehe Abschn. 1.2). Im Normalbetrieb sind die im Folgenden angegebenen Mechanismen maßgebend.

Periodische Schwankungen in der Fördermenge. Da bei den meisten Pumpen voneinander

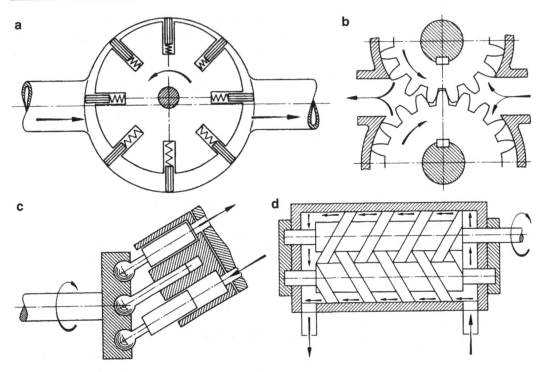

Abb. 40 Prinzipskizzen der wichtigsten hydrostatischen Pumpen. **a** Flügelzellenpumpe, **b** Zahnradpumpe, **c** Axialkolbenpumpe, **d** Spindelpumpe

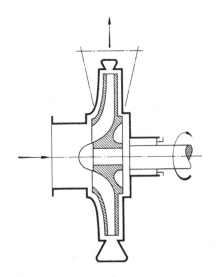

Abb. 41 Prinzipskizze einer Kreiselpumpe nach [133]

Fördermenge. Der Gleichströmung ist also eine Wechselschnelle $v(t)$ überlagert. Wenn man in einem Rohr mit dem Querschnitt S die Schwankungen des Volumenflusses mit

$$\dot{V}(t) = S \cdot v(t) \qquad (73)$$

bezeichnet, dann ergibt sich für die Druckschwankungen in engen Rohren (nur ebene Schallwellen) die Beziehung

$$p(t) = \rho\, c\, v(t) \qquad (74)$$

bzw.

$$p(t) = \rho\, c\, \frac{\dot{V}_0}{S}\, \varepsilon. \qquad (75)$$

getrennte kleine Einzelmengen in abgeschlossenen Hohlräumen (Kolbenfüllungen, Füllungen von Zahnlücken usf.) gefördert werden, ergeben sich fast immer geringe Schwankungen in der

ρ Dichte der Flüssigkeit in kg/m^3,
c Schallgeschwindigkeit in der Flüssigkeit in m/s,

Abb. 42 Einfluss des Saugdrucks auf den von einer Zahnradpumpe abgestrahlten Luftschallpegel nach [138]

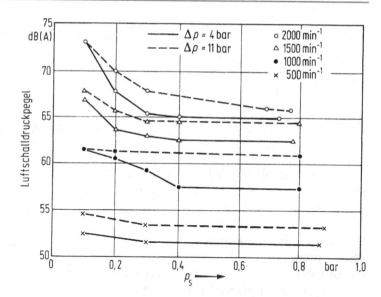

$\dot{V}_0$ mittlerer Volumenfluss in m³/s,
S Rohr-Innenquerschnittsfläche in m².

Dabei ist ε die relative zeitliche Änderung des Volumenflusses

$$\varepsilon = \frac{\dot{V}(t)}{\dot{V}_0} \qquad (76)$$

ε ist abhängig von der Geometrie der Pumpe. Bei der Zahnradpumpe beträgt ε etwa 0,02, bei der Axialkolben- und Flügelzellenpumpe etwa 0,2 bis 0,005.

Impulsartige Druckausgleichsvorgänge. Dieser Mechanismus wird wirksam, wenn beim Betrieb der Pumpe auf der Saugseite ein kleines Flüssigkeitsvolumen V_0 (Hubvolumen) z. B. zwischen den Flügeln der Flügelzellenpumpe oder zwischen den Zähnen der Zahnradpumpe aufgenommen und dann zur Druckseite transportiert wird. Dort kommt es plötzlich mit der unter hohem Druck stehenden Flüssigkeitssäule in Verbindung, dabei wird die im Volumen V_0 befindliche Flüssigkeit komprimiert. Die dabei auftretende Volumenminderung ist

$$\Delta V = V_0 \frac{\Delta p}{\rho c^2} \qquad (77)$$

Δp ist der Unterschied des statischen Druckes im Volumen V_0 unmittelbar vor und nach der Verbindung mit der Druckseite. Wenn während des Pumpvorganges die Flüssigkeit nicht komprimiert wird, ist Δp auch der Druckunterschied zwischen der Druck- und der Saugseite (Förderdruck). Bei der Kompression des Hubvolumens um den Betrag ΔV muss etwas Flüssigkeit von der Druckseite zurückfließen. Die hiermit verbundene Schnelle der Flüssigkeit auf der Druckseite ist

$$v(t) = \frac{1}{\Delta t} \frac{\Delta V}{S} \qquad (78)$$

Δt Zeitdauer der Kompression in s.

Für die Teiltonamplituden des Wechseldruckes $p(t)$ folgt mit Gl. (74):

$$p_\nu = \frac{\rho c}{S} \frac{2}{T} \int_0^T \frac{\Delta V}{\Delta t} \cos(2\pi n \ddot{u} t/T)\, dt \quad mit\ n\ddot{u}$$

$$= 0, 1, 2, \ldots \qquad (79)$$

$T = 1/(z\,n)$ Periodendauer in s,
z Zahl der Fördervolumina,
n Drehzahl der Pumpe in 1/s.

Berücksichtigt man, dass die Kompression des Hubvolumens sehr schnell erfolgt ($\Delta t \ll T$), so ergibt sich für die ersten Teiltöne mit $\dot{V}_0 = V_0/T$ und Gl. (77):

$$p_{n\ddot{u}} = \rho\, c\, \frac{2}{T}\, \frac{\Delta V}{S}$$

$$= 2\, \dot{V}_0\, \frac{\Delta p}{c\, S} \quad mit\ n\ddot{u} = 0,\, 1,\, 2,\, 3,\, 4.$$

$$(80)$$

Diese Beziehung gilt etwa für die ersten fünf Teiltöne, die im Wesentlichen auch den Gesamtpegel bestimmen.

Hydrodynamische Pumpen (Kreiselpumpen)

Das Spektrum des Flüssigkeitsschalls einer Kreiselpumpe setzt sich ähnlich wie bei einem Radialventilator aus einem breitbandigen Rauschanteil und überlagerten Tönen zusammen.

Das breitbandige Rauschen ist zurückzuführen auf die Wirbel- und Turbulenzentstehung an festen Konstruktionsteilen in der Pumpe, auf die ungleichförmige Anströmung der Schaufeln und ggf. auf die beim Ansaugvorgang an den Laufradschaufeln oder beim Austritt entstehende Kavitation. Die Einzeltöne werden durch periodische Wechselkräfte verursacht, die durch Wechselwirkung der bewegten Laufradschaufeln mit der Austrittskante entstehen. Die Einzeltöne bestimmen bei der nicht-kavitierenden Pumpe den Gesamt-Schallleistungspegel in der Flüssigkeit.

5.2 Näherungsweise Berechnung der Schallabstrahlung

Hydrostatische Pumpen

Für den Gesamt-Schallleistungspegel L_W (re 10^{-12} W) der von einer nicht-kavitierenden hydrostatischen Pumpe in die Druckleitung übertragenen Geräusche resultiert aus den Gl. (75) und (80):

$$L_W = 117$$

$$+ 10\lg\left\{\rho\, c\, \frac{\dot{V}_0^2}{S}\left[\varepsilon^2 + 40\left(\frac{\Delta p}{\rho\, c^2}\right)^2\right]\right\}\ dB$$

$$(81)$$

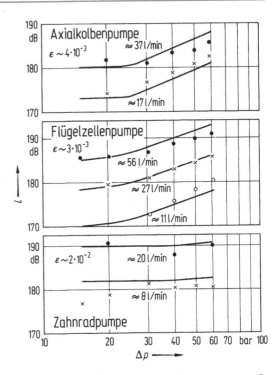

Abb. 43 Abhängigkeit des Gesamtschallpegels L im Öl vom Förderdruck und vom Volumenfluss (Innendurchmesser des Rohrsystems 24 mm), berechnet mit Gl. (81)

Der Schallleistungspegel für die Saugseite ist 10 bis 30 dB niedriger als der für die Druckseite.

In Abb. 43 ist der sich aus Gl. (81) ergebende Gesamt-Schalldruckpegel L (re $2\cdot10^{-5}$ Pa) in Abhängigkeit vom Förderdruck Δp und vom Fördervolumen $\dot{V}_0$ im Vergleich mit Messergebnissen wiedergegeben [139].[4]

Die angegebene Gl. (81) ist bei der **Spindelpumpe** nicht zu verwenden, weil die Leckölverluste sehr viel größer als bei den vorher behandelten Pumpen sind und damit auch der impulsartige Druckausgleich zwischen zwei Flüssigkeitsvolumina nicht auftreten kann. Es erfolgt vielmehr ein allmählicher Druckaufbau auf dem Weg zur Druckseite; damit nimmt die Spindelpumpe eine gewisse Mittelstellung zwischen hydrostatischen und hydrodynamischen Pumpen ein. Andererseits

---

[4]Dabei wurde berücksichtigt, dass durch Reflexion am Belastungswiderstand (Ventil) und an der Pumpe eine Pegelerhöhung auf der Messstrecke von etwa 6 dB auftritt.

ist vorstellbar, dass die Schwankungen des Volumenstroms verhältnismäßig groß sind und dass sie mit wachsendem Förderdruck zunehmen. Messungen ergaben, dass der Gesamtschallpegel in der Flüssigkeit ausschließlich vom Förderdruck abhängt. Abb. 44 zeigt die gemessene Abhängigkeit des Gesamtschalldruckpegels in der Flüssigkeit einer Spindelpumpe.

In Abb. 45 sind schematische Oktavspektren in der Förderflüssigkeit auf der Druckseite einiger Pumpen wiedergegeben. Die Frequenz des bei allen Spektren zu beobachtenden Grundtones ist gegeben durch

$$f_0 = z \cdot n \qquad (82)$$

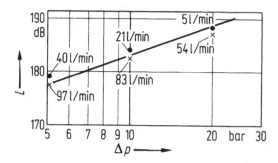

Abb. 44 Abhängigkeit des Gesamtschalldruckpegels im Öl vom Förderdruck und vom Volumenfluss bei einer Spindelpumpe auf der Druckseite (Innendurchmesser des Rohrsystems 24 mm)

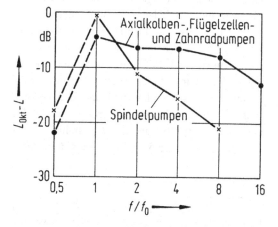

Abb. 45 Schematische Oktav-Schallpegel in der Druckleitung von hydrostatischen Pumpen

z Zahl der Fördervolumina,
n Drehzahl der Pumpe in 1/s.

Die Geräusche von Flügelzellen-, Axialkolben- und Zahnradpumpen sind sehr obertonreich. Bei Schmalbandanalysen ergibt sich daher ein reines Linienspektrum, bei dem sich Linien bis zur 50. Ordnung nachweisen lassen.

Wenn Kavitation die maßgebliche Geräuschursache ist, erhält man ein breitbandiges Spektrum, in dem sich die einzelnen Linien wesentlich weniger bemerkbar machen.

Die Abschätzung der von der Druckleitung nach außen abgestrahlten Schallleistung erfolgt unter Berücksichtigung der Beziehungen in Abschn. 2 aus dem Oktav-Schallleistungsspektrum in der Flüssigkeit.

Für die näherungsweise Berechnung des von den Pumpengehäusen abgestrahlten Luftschalls sei auf [140] verwiesen.

Hydrodynamische Pumpen (Kreiselpumpen)

In Industrieanlagen sind Kreiselpumpen in großer Anzahl vorhanden. Die von einer Kreiselpumpe erzeugten Geräusche werden vorwiegend über die mit der Pumpe verbundenen Rohrleitungen nach außen abgestrahlt und nicht über das Gehäuse. Der gesamte A-Schallleistungspegel einer Kreiselpumpe einschließlich der angeschlossenen Rohrleitungen lässt sich, wie Abb. 46 zeigt, aus der Motor-Nennleistung P_N in kW abschätzen [141]:

$$L_{WA} = 68 + 16 \lg(P_N/1\,kW) \begin{smallmatrix}+6\\-9\end{smallmatrix} \quad dB(A). \qquad (83)$$

90 % aller Messwerte liegen im angegebenen Streubereich (Abb. 46). Nach Schmitt, Klein [142] lässt sich der A-Schallleistungspegel der von Chemie-Normpumpen (Baureihe CPK) für die über das Gehäuse abgestrahlten Geräusche mit

$$L_{WA} = 60 + 12 \lg(P_N/1\,kW) \quad dB(A) \qquad (84)$$

berechnen, und zwar für Nennleistungen zwischen 1 und 100 kW [143, 144].

Abb. 46 A-bewertete
Schallleistungspegel von
Kreiselpumpen und den
angeschlossenen
Rohrleitungen [141].
Punkte: Schallabstrahlung
vom Gehäuse und den
angeschlossenen
Rohrleitungen, Näherung
Gl. (83); Kreise:
Schallabstrahlung nur vom
Pumpengehäuse, Näherung
Gl. (84)

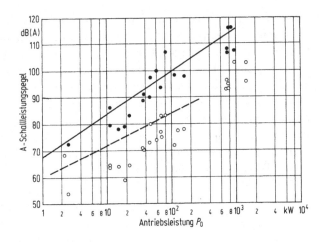

Abb. 47 Mittleres
normiertes A-bewertetes
Oktav-
Schallleistungsspektrums
von Kreiselpumpen
einschließlich der
angeschlossenen
Rohrleitungen [141]

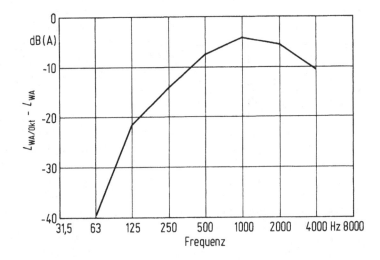

Weitere Angaben für den von Pumpengehäusen abgestrahlten Luftschall finden sich in [145].

Zur Abschätzung des A-bewerteten Oktav-Schallleistungsspektrums $L_{WA/Okt}$ kann Abb. 47 dienen.

5.3   Geräuschminderung

Primäre Maßnahmen

Um bei **Hydrostatischen Pumpen** den Flüssigkeitsschall zu vermindern, kommt es, wie aus Abschn. 5.1 folgt, vor allem darauf an, die Förderschwankungen und die Druckdifferenzen beim Ankoppeln der geförderten Flüssigkeitsvolumina

an die Druckseite möglichst klein zu halten und alle Vorgänge möglichst „weich" zu machen.[5]

Bei einer **Zahnradpumpe** können die Druckunterschiede zwischen dem geförderten Flüssigkeitsvolumen und der Flüssigkeit, an das es angekoppelt wird, durch Anbringung einer Vorsteuernut in der Räderplatte und einer Druckentlastungsnut wesentlich vermindert werden [147, 138]. Eine Verringerung des abgestrahlten Luftschallpegels um etwa 5 dB kann erreicht werden.

---

[5]Unter „weich" versteht man dabei, dass Unstetigkeiten in den Beschleunigungen und ihren Ableitungen soweit wie möglich vermieden werden [146].

Bei einer **Axialkolbenpumpe** kann eine Verringerung der Druckdifferenz zwischen dem geförderten Volumen und der Druckseite durch Verdrehung des Steuerspiegels erreicht werden. Dadurch kann der Druck im geförderten Volumen so eingestellt werden, dass der Druck im Zylindervolumen im Moment der Ankopplung an das Drucksystem gleich dem Systemdruck wird. Damit werden die Druckspitzen weitgehend abgebaut und der Schalldruckpegel gegenüber dem Betrieb ohne Vorkompression um etwa 5 dB abgesenkt. Natürlich muss der Vorkompressionsdruck jedem neuen Arbeitsdruck im System neu angepasst werden, um den gleichen Effekt zu erzielen.

Eine andere Lösung wird in [148] mit Hilfe eines Druckausgleichkanals angegeben. Hierbei werden z. B. beide Stege des Steuerbodens in der Stegmitte mit je einer Bohrung versehen und miteinander über eine Drosselstrecke verbunden. Dadurch wird eine schlagartige Entspannung sowie die Kompression des eingeschlossenen Flüssigkeitsvolumens am Totpunkt vermieden. Durch geeignete Auslegung des Druckausgleichkanals kann eine Verminderung des abgestrahlten Luftschalls von mehr als 10 dB erreicht werden.

Der tonale Geräuschanteil einer **Kreiselpumpe mit Leitschaufeln** kann vor allem durch geeignete Wahl der Lauf- und Leitschaufelzahl sowie durch Vergrößerung des Abstandes zwischen Lauf- und Leitschaufeln verringert werden [149].

Ein **kavitationsfreier Betrieb** der Pumpen muss unbedingt angestrebt werden.

Maßnahmen am Rohrleitungssystem

Eine im Prinzip sehr wirksame Maßnahme besteht darin, unmittelbar in der Nähe der Stelle, an der die Wechseldrücke erzeugt werden, eine nachgiebige Schicht anzubringen, die die Druckstöße ausgleicht, sie also auf eine längere Zeit (mindestens einige Millisekunden) verteilt. Derartige Pulsationsdämpfer sind umso wirksamer, je näher sie an der Schallquelle angeordnet sind und je „weicher" sie sind.

Wenn der Schall erst in der Rohrleitung gedämpft werden kann, werden normalerweise ebenfalls weiche Schichten verwendet, die den

ankommenden Flüssigkeitsschall reflektieren, also an der Weiterleitung hindern. Da zwischen dem Flüssigkeitsschall und dem Körperschall in der Rohrwandung eine sehr enge Kopplung besteht, muss gleichzeitig die Ausbreitung des Körperschalls verhindert werden. Falls der herrschende Druck weniger als 5 bar beträgt, eignen sich hierfür z. B. weiche Gummikompensatoren.

Schwieriger ist die Konstruktion von Flüssigkeitsschalldämpfern, wenn die statischen Drücke mehr als 10 bar betragen und damit die weichen Schichten zu stark beansprucht werden. Die sog. armierten Druckschläuche sind ziemlich wirkungslos, da sie für akustische Zwecke bereits zu hart sind.

Wichtigste Schallschutzmaßnahmen bei Pumpen sind schalldämmende Kapselungen oder Ummantelungen des Pumpengehäuses und schalldämmende Ummantelungen der angeschlossenen Rohrleitungen (siehe Abschn. 2.9).

6 Elektromotoren

Drehstrom-Niederspannungs-Motoren (üblicherweise 400 V) werden für Antriebsleistungen zwischen etwa 1 und 400 kW verwendet, Drehstrom-Hochspannungsmotoren (hauptsächlich 6 kV) für Antriebsleistungen ab etwa 160 kW.

In den letzten Jahrzehnten haben die Motorenhersteller mit großem Erfolg die Geräuschentwicklung ihrer Elektromotoren verringern können. Die wesentlichen Geräusche bei luftgekühlten Motoren entstehen durch die Lüfter. Die Geräuschanteile durch Magnetostriktion und durch die Lager sind in der Regel vernachlässigbar. Nur bei drehzahlgeregelten Motoren mit Betrieb an einem Frequenzumrichter können die magnetostriktiven Geräusche von besonderer Bedeutung sein.

Bei Niederspannungs-Motoren mit geräuscharmen Lüftern und bei Hochspannungs-Motoren mit einem integriertem Schallschutz können – bei sinusförmiger Ansteuerung – folgende A-bewertete Schallleistungspegel L_{WA} (re 10^{-12} W) eingehalten werden:

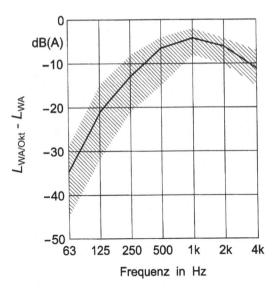

Abb. 48 Mittleres normiertes A-bewertetes Oktav-Schallleistungsspektrum von luft- und wassergekühlten Elektromotoren. $L_{WA/Okt}$ A-bewerteter Oktav-Schallleistungspegel, L_{WA} gesamter A-bewerteter Schallleistungspegel

Niederspannungsmotor

$$L_{WA} = 60 + 10\lg(P_N/1\,kW)\quad dB(A)\qquad (85)$$

Hochspannungsmotor

$$L_{WA} = 85 + 5\lg(P_N/1\,kW)\quad dB(A)\qquad (86)$$

P_N Motor-Nennleistung in kW (1...3000 kW).

Bei wassergekühlten Hochspannungsmotoren werden die A-Schallleistungspegel nach Gl. (86) um etwa 5 dB(A) unterschritten.

Zur Abschätzung des A-bewerteten Oktavspektrums $L_{WA/Okt}$ kann Abb. 48 dienen.

Eine weitergehende Geräuschminderung ist durch eine schalldämmende Kapselung der Motoren möglich.

7   Windenergieanlagen (WEA)

Die erste deutsche, technisch hochperfektionierte Windenergieanlage wurde von Hütter in den Jahren 1955 bis 1957 entwickelt und bis 1968 auf der Schwäbischen Alb getestet. Die Energiekrise Anfang der 70er-Jahre hat dazu geführt, dass die Entwicklung von WEA öffentlich gefördert wurde. Als Ergebnis wurde die Großwindanlage Growian mit 3 MW Nennleistung gebaut.

7.1   Bauformen und Betrieb

Von den etwa 30 Antriebsprinzipien hat sich allein der schnelllaufende Axialläufer mit drei Rotorblättern durchgesetzt, die in Luv angeordnet sind, so dass der Wind erst auf die Flügel und dann auf den Turm oder Mast trifft. Der Generator zur Erzeugung elektrischer Energie befindet sich in einer Gondel in Nabenhöhe und wird entweder direkt (getriebelose WEA) oder über ein Getriebe angetrieben.

WEA werden bei einer Windgeschwindigkeit in Nabenhöhe von etwa 3 bis 4 m/s eingeschaltet, erreichen bei etwa 12 bis 14 m/s ihre Nennleistung und werden bei höherer Windgeschwindigkeit bis 25 m/s zum Schutz vor Überlastung auf Nennleistung geregelt. Zwei Regelungsmechanismen sind gebräuchlich, die **„Pitch"-Regelung** und die **„Stall"-Regelung**. Bei ersterer werden die Anstellwinkel der Rotorblätter dynamisch verstellt, so dass sie dem Wind bei hohen Geschwindigkeiten weniger Angriffsfläche bieten. Bei letzterer wird durch die Form der Rotorblätter erreicht, dass die Strömung an der Flügelhinterkante nach Erreichen der Nennleistung abreißt und damit der Widerstand an den Rotorblättern zunimmt.

Die erzeugbare elektrische Leistung P_e von WEA kann mit folgender Beziehung abgeschätzt werden [150]:

$$P_e = \eta\,c_p\,S\,\frac{\rho}{2}\,v^3\quad W\qquad (87)$$

P_e erzeugbare elektrische Leistung in W,
η elektrischer Wirkungsgrad ($\eta \approx 0{,}75$),
c_p Leistungsbeiwert ($c_p \approx 0{,}45$)*,
S vom Rotor überstrichene Fläche in m^2,
ρ Dichte der Luft, $\approx 1{,}2$ kg/m^3,
v Windgeschwindigkeit in Luv vor dem Rotor in m/s.

* Der theoretische Maximalwert von c_p bei verlustloser Leistungsumsetzung beträgt $c_p = 0{,}59$.

Kenndaten von Windenergieanlagen sind in Tab. 3 zusammengestellt.

7.2 Schallentstehung

Die von WEA abgestrahlten Geräusche setzen sich aus aerodynamisch und mechanisch erzeugten Geräuschen zusammen. Die meist pegelbestimmenden aerodynamischen Geräusche werden von den Rotorblättern durch Wirbelablösung an den Blattspitzen und an der Abströmkante verursacht. Mechanische Geräusche entstehen im Getriebe (bei Getriebemaschinen), im Generator und durch Hilfsanlagen wie Lüfter, Drehantriebe und Stromrichter. Vor allem die Getriebegeräusche führen dazu, dass WEA auffällige Einzeltöne von der Gondel und vom Stahlturm abstrahlen können.

7.3 Näherungsweise Berechnung der Schallabstrahlung

Bei Nennleistungen von 0,5 bis 3 MW verursacht der Betrieb einer WEA, wie in Tab. 3 angegeben, einen Schallleistungspegel von typisch 103 dB(A). Bei Anlagen unter 0,5 MW kann der Schallleistungspegel unter 100 dB(A) liegen. Einzelne Erfahrungswerte sind in Abb. 49 angegeben.

Die Geräuschemission von WEA hängt von der Windgeschwindigkeit ab. Bei der Einschalt-Windgeschwindigkeit ist die Geräuschemission am niedrigsten und steigt mit zunehmender Windgeschwindigkeit an. Beim Erreichen der Nennleistung bleibt die Geräuschemission bei WEA mit „Pitch"-Regelung nahezu konstant, während sie bei Anlagen mit „Stall"-Regelung weiter zunimmt. Die Zunahme des A-Schallleistungspegels mit der Windgeschwindigkeit bis zum Erreichen der Nennleistung beträgt etwa 1 bis 2,5 dB

Tab. 3 Technische Kenngrößen von Windenergieanlagen

Nennleistung MW	Rotor-durchmesser m	Nabenhöhe m	Rotordrehzahl bei Nennleistung 1/min	Schallleistungspegel bei Nennleistung dB(A)
7,6	127	135	12	107
4,5	113	124	12	103
1,5	66	70	23	103
0,6	46	60	24	95
0,25	30	40	40	95

Abb. 49 A-bewerteter Schallleistungspegel von Windenergieanlagen mit Tonzuschlag k_T und Impulszuschlag k_I nach [151]

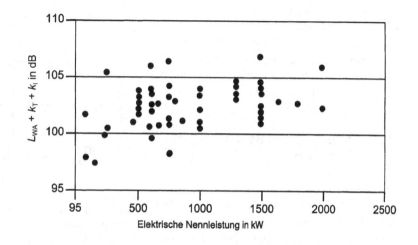

(A) pro Zunahme der Windgeschwindigkeit um 1 m/s [152, 153].

Eine Abschätzung des A-Schallleistungspegels für getriebelose und „pitch"-geregelte WEA ist nach der folgenden Beziehung möglich:

$$L_{WA} = -9 + 50 \lg \left(\frac{U}{1\,m/s} \right)$$
$$+ 10 \lg \left(\frac{D}{1\,m} \right) \quad dB(A) \quad (88)$$

U Umfanggeschwindigkeit in m/s,
D Rotordurchmesser in m.

7.4   Geräuschminderung

Wichtige Maßnahmen zur Verringerung der Schallemission von WEA sind:

– Drehzahlreduzierung.
– Eine Verringerung der Geräuschemission um 4 dB(A) bedeutet erfahrungsgemäß eine Halbierung der erzeugbaren elektrischen Leistung [154]. Diese Maßnahme wird z. B. angewendet, wenn in den Nachtstunden eine Minderung der Schallemission erforderlich ist.
– Einsatz von besonderen Planetengetrieben mit geringen Verzahnungsfehlern und hohem Überdeckungsgrad.
– Entkopplung des Rotors vom Getriebe.
– Entkopplung der Gondel vom Maschinenrahmen durch Federelemente.
– Verringerung der Schallabstrahlung des Turmes durch Ausführung in Stahlbetonbauweise.
– Einsatz von Zuluft- und Abluft-Schalldämpferstrecken im Bereich der Gondel.

7.5   Messung und Beurteilung der Geräusche

Die Geräuschemission von WEA wird nach der Norm [155] ermittelt. Abweichungen von dieser Norm bzw. zusätzliche Konkretisierungen sind in [156] angegeben. Sie dienen dazu, die Messunsi-

cherheit zu minimieren und die Reproduzierbarkeit der Messergebnisse zu erhöhen.

Nach der Norm [155] sind Schallemissionsmessungen (und die Bestimmung der elektrischen Wirkleistung) bei Windgeschwindigkeiten zwischen 6 und 10 m/s (gemessen in 10 m Höhe) durchzuführen, höchstens jedoch bei einer standardisierten Windgeschwindigkeit, die bei 95 % der Nennleistung der WEA auftritt. Die während der Messung auftretenden Hintergrundgeräusche, hervorgerufen durch den Bewuchs oder die Bebauung, werden getrennt bestimmt und bei der Ermittlung des Schallleistungspegels mit Korrekturen bis zu 1,3 dB(A) berücksichtigt. Als akustische Kenngrößen werden im Wesentlichen ermittelt:

– Der A-bewertete Schallleistungspegel und dessen Terzspektrum (Abb. 50),
– der Tonzuschlag K_T nach DIN 45681 [157], falls das Geräusch der WEA Einzeltöne enthält,
– der Impulszuschlag K_I nach TA Lärm [158] für den Fall, dass die Schallemission der WEA einen impulshaltigen Charakter aufweist.

Die früher durchgeführten Infraschallmessungen haben gezeigt, dass der von den üblicherweise verwendeten Luv-Läufern unter 20 Hz erzeugte Schall weit unterhalb der Wahrnehmungsschwelle

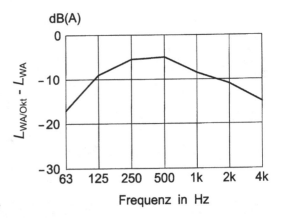

Abb. 50 Typisches normiertes Oktav-Schallleistungsspektrum von WEA $L_{WA/Oktav}$ A-bewerteter Oktav-Schallleistungspegel, L_{WA} A-Schallleistungspegel

des Menschen liegt und deshalb bedeutungslos ist [159].

Die Lästigkeit der Töne von WEA ist vor allem darin begründet, dass durch die Böigkeit des Windes sehr störend empfundene Tonhöhenschwankungen verursacht werden.

Im Sinne des Bundes-Immissionsschutzgesetzes sind einzelne WEA <50 m Gesamthöhe nicht genehmigungsbedürftig; die Belange des Immissionsschutzes werden im Rahmen des Baugenehmigungsverfahrens behandelt. Große WEA sowie Windparks [154] sind genehmigungsbedürftige Anlagen, für die ein immissionsschutzrechtliches Genehmigungsverfahren durchgeführt werden muss. In beiden Fällen sind die Schallimmissionen nach der TA Lärm [158] zu beurteilen.

8 Verwirbelte Ausströmung und Umströmung

8.1 Schallentstehung

Wenn Luft oder ein anderes Gas in einer Rohrleitung strömt oder aus einer Rohrleitung ausströmt, treten bei allen technisch interessierenden Strömungsgeschwindigkeiten Wirbel auf, die zur Schallentstehung führen. Besonders viel Schall wird dann erzeugt, wenn sich Hindernisse (Blende, Umlenkung, Gitter, usw.) in der Strömung befinden. Die Geräusche durch verwirbelte Ausströmung oder durch Wirbelablösung und turbulente Anströmung von Störkörpern gehen letztlich auf das Auftreten von Wechselkräften zurück (Dipolquellen).

Bei durchströmten Lochblechen können ausgeprägte Spitzen in den Geräuschspektren auftreten [160–162]. Diese „Lochtöne" entstehen bei scharfkantigen Öffnungen infolge eines Rückkopplungsmechanismus, und zwar dadurch, dass die von der Auslaufkante zurücklaufende Druckwelle die Ablösung des Ringwirbels an der Einlaufkante periodisch steuert. Die gleiche Tonbildung untersuchte Heller [163] in scharfkantigen Öffnungen bei hohen Unterschallströmungen.

Die Frequenzlage des Grundtones f_L ergibt sich näherungsweise zu:

$$f_L = \frac{1}{\dfrac{h}{\alpha\, u_L} + \dfrac{h}{c - \beta\, u_L}} \quad mit \quad \begin{array}{l} 0,8 < \alpha < 1 \\ 0,9 < \beta < 1 \end{array} \tag{89}$$

h Plattendicke (= Lochlänge) in m,
u_L mittlere Strömungsgeschwindigkeit im Loch in m/s,
c Schallgeschwindigkeit in ungestörtem gasförmigem Medium in m/s.

8.2 Näherungsweise Berechnung der Schallabstrahlung

Der gesamte Schallleistungspegel L_W (re 10^{-12} W) der von einer gasdurchströmten einstufigen Drosselstelle abgestrahlten Geräusche kann mit folgender Beziehung abgeschätzt werden [86]:

$$L_w = 93 + 10 \lg\left(\frac{qc^2}{1\,\text{W}}\right) \\ - 10 \lg\left[1 + 6\left(\frac{p_2}{p_1 - p_2}\right)^{2,5}\right]\,\text{dB}. \tag{90}$$

q Durchsatz in kg/s,
c Schallgeschwindigkeit des Strömungsmediums in m/s,
p_1 Druck vor dem Hindernis in Pa,
p_2 Druck nach dem Hindernis in Pa.

In Abb. 51 sind die Schallleistungspegel von einstufigen Drosselstellen (Hindernisse, Ventilmodelle, Düsen und Ringdüsen in einer Rohrleitung sowie Lüftungsgitter, Lochplatten, Stabgitter, Strömungsgleichrichter und Drahtgewebe) in Abhängigkeit von $(p_1 - p_2)/p_2$ aufgetragen. Außerdem ist zum Vergleich Gl. (90) eingezeichnet.

In [160] wird gezeigt, dass sich bei Turbulenzerhöhung der Zuströmung die abgestrahlte Schallleistung deutlich (mehr als 10 dB) erhöhen kann.

Hinweise über Druckdifferenzen $p_1 - p_2$ können z. B. aus [101] entnommen werden. Angaben über die Geräuschspektren finden sich z. B. in [164, 165, 160].

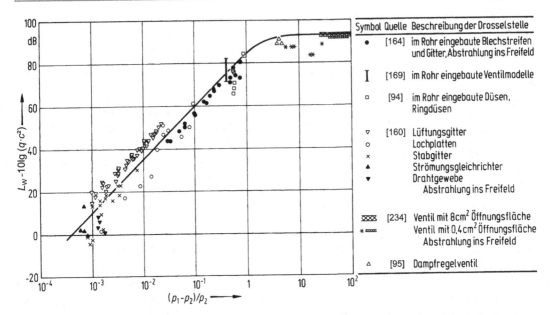

Abb. 51 Gesamt Schallleistungspegel einer einstufigen Drosselstelle. L_w gesamter Schallleistungspegel in dB, q Durchsatz in kg/s, c Schallgeschwindigkeit im Strömungsmedium nach dem Hindernis in m/s, p_1 Druck vor dem Hindernis in Pa, p_2 Druck nach dem Hindernis in Pa. Näherung Gl. (90)

Abb. 52 Normiertes Oktav-Schallleistungsspektrum von Lüftungsgittern [160] bei Schallabstrahlung ins Freifeld

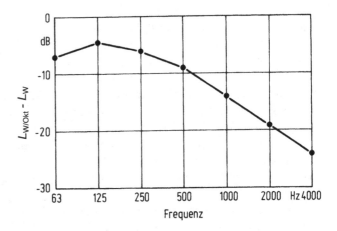

Für Lüftungsgitter kann nach [160] – bei Abstrahlung ins Freifeld – etwa mit dem mittleren normierten Oktav-Schallleistungsspektrum in Abb. 52 gerechnet werden.

Werden die an einer einstufigen Drosselstelle entstehenden Geräusche über eine Ausströmöffnung ins Freie abgestrahlt, dann hat das Geräuschspektrum etwa den in Abb. 21 skizzierten Verlauf. Für die Schallabstrahlung in eine Rohrleitung

muss die Änderung des Geräuschspektrums durch den Einfluss der Rohrleitung entsprechend Abschn. 2.1 berücksichtigt werden.

8.3 Geräuschminderung

Da die Geräusche sehr schnell mit den Druckverlusten und damit mit der Strömungsgeschwindigkeit ansteigen, empfiehlt es sich, niedrige Geschwindigkeiten zu verwenden und strömungstechnisch ungünstige Formen (plötzliche Querschnittsänderung, scharfe Kanten usw.) zu vermeiden. Bei durchströmten Lochscheiben dürfen keine scharfkantigen Öffnungen verwendet werden (Vermeidung von „Lochtönen"). Selbstverständlich muss auch auf das Auftreten von selbsterregten Schwingungen und das Anblasen von Hohlraumresonanzen geachtet werden.

Befinden sich Lochscheiben in einer Rohrleitung, die mit relativ geringen Geschwindigkeiten durchströmt werden (Machzahl <0,2), so können diese im Allgemeinen relativ leicht durch Variation der Strömungsgeschwindigkeiten zur Tonbildung gebracht werden. Diese Töne entstehen durch die Wirbelablösung an den Lochblechen, die durch Querresonanzen des hinter dem Lochblech liegenden Raumes synchronisiert werden. Sie können unterbunden werden, indem man die Kanalwände hinter den Lochscheiben schallabsorbierend auskleidet.

9   Armaturen (Ventile)

Zur Mengen- und Druckregelung von strömenden, gasförmigen und flüssigen Medien werden Armaturen (Stellglieder) verwendet, bei denen durch Änderung des Öffnungsquerschnitts der Strömungswiderstand variiert werden kann. Einige Ausführungsformen von Armaturen sind im Prinzip in Abb. 53 dargestellt.

9.1   Schallentstehung

Abb. 54 zeigt die typischen Druck- und Geschwindigkeitsverteilungen in einer Armatur. In der Nähe des engsten Querschnitts in der Armatur treten die höchsten Strömungsgeschwindigkeiten auf. In diesem Bereich ist demnach auch der Ort der Schallentstehung zu suchen.

Flüssigkeiten Wird der Druck p_1 vor der Armatur konstant gehalten und der Druck p_2 nach der Armatur soweit abgesenkt, dass der Druck p_3 auf einen Wert in die Nähe des Dampfdruckes p_D absinkt, so tritt Kavitation auf. Damit verbunden ist ein starkes Anwachsen der Geräusche. Wird der Druck p_2 weiter reduziert, so bleibt der Druck p_3 konstant und zwar etwa gleich dem Dampfdruck p_D. Dies geschieht solange, bis die gesamte Flüssigkeit verdampft ist. Sobald auch p_2 den Dampfdruck erreicht hat, können die Kavitationsblasen nicht mehr zusammenfallen, da sich das Medium nach dem Ventil bereits im gasförmigen Zustand befindet („Ausdampfung"). Aus diesem Grund werden dann auch weniger Geräusche entstehen. Abb. 55 zeigt den in der Nähe einer Flüssigkeitsarmatur gemessenen A-Schalldruckpegel in Abhängigkeit vom Druck p_2 nach dem Ventil bei konstant gehaltenen Druck p_1 vor dem Ventil.

In der Regel sind die Geräusche von Flüssigkeitsarmaturen vernachlässigbar, solange weder Kavitation noch Ausdampfung auftritt.

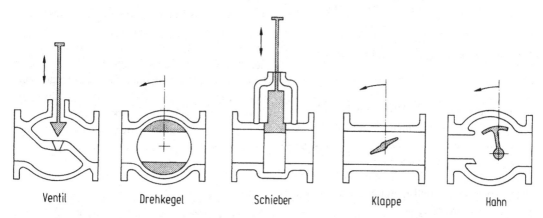

| Ventil | Drehkegel | Schieber | Klappe | Hahn |

Abb. 53 Ausführungsformen von Armaturen [166]

Abb. 54 Zur
Schallentstehung in
Armaturen

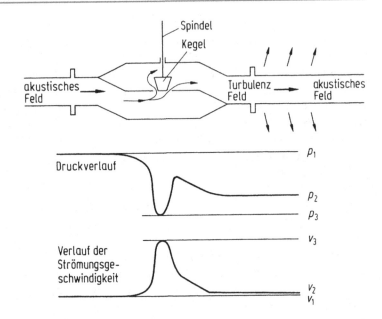

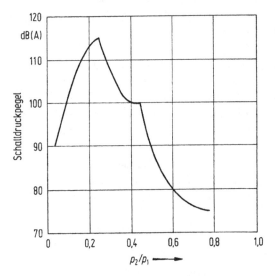

Abb. 55 Schalldruckpegel eines Flüssigkeitsventils nach
[167]

Gase Überschreitet das Verhältnis p_1/p_2 bei einstufiger Entspannung einen Wert von ca. 2, so
erreicht die Strömungsgeschwindigkeit im engsten
Querschnitt Schallgeschwindigkeit. Nach dieser
engsten Stelle können auch Überschallgeschwin-
digkeiten auftreten und damit Schockwellen entstehen. Die Strömung in der Armatur ist stark
turbulent.

Bei gasdurchströmten Armaturen entstehen die
Geräusche hauptsächlich durch das Strömungsfeld im Bereich des engsten Querschnitts, und
zwar durch:

– Wirbelablösung und turbulente Anströmung
  von festen Konstruktionsteilen, also Auftreten
  von Wechselkräften (Dipolquellen),
– Freistrahlgeräusche in der Vermischungszone
  (Quadrupolquellen),
– Auftreten von Verdichtungsstößen, wenn im
  Ventil die Schallgeschwindigkeit erreicht oder
  überschritten wird.

Außerdem können bei einem Ventil Resonanz-
schwingungen des Systems „Ventilkegel-Ventil-
spindel" und dadurch bedingte Pulsationen in
der Strömung auftreten (Monopolquellen). Dieser
Effekt kann bei bestimmten Ventilstellungen auftreten und führt zu einem „Rattern", das eine
Zerstörung des Ventils bewirken kann.

Bei einigen Ventilbauarten treten bei bestimmten Betriebsbedingungen und bei deutlich unter-
kritischer[6] Durchströmung gelegentlich hochfre-

---

[6]Strömungsgeschwindigkeit im Ventil kleiner als ½-fache
Schallgeschwindigkeit.

quente Töne auf, die wohl auf eine Steuerung der Wirbelentstehung durch Eigenfrequenzen des Hohlraumes „Ventil-Rohrleitung" zurückzuführen sind. Meist genügen kleine Änderungen am Ventilkegel, um diesen Effekt zu vermeiden.

Nach [86, 168, 169, 170] erfolgt die Anregung der an eine Armatur angeschlossenen Rohrleitungen hauptsächlich durch das von der Armatur erzeugte akustische Wechseldruckfeld in den Rohrleitungen und nicht durch das turbulente Strömungsfeld hinter der Armatur, solange die Entspannung nur in der Armatur erfolgt.

9.2 Näherungsweise Berechnung der Schallabstrahlung

In diesem Abschnitt wird auf die Abschätzung der Schallleistung von Armaturen mit einstufiger Entspannung eingegangen. Die von einer Armatur erzeugten und nach außen übertragenen Geräusche werden vorwiegend über die Rohrleitung nach dem Ventil abgestrahlt. Aus diesem Grund beschränkt sich die Abschätzung der Schallabstrahlung auf die Rohrleitung nach der Armatur. Zunächst wird das Schallleistungsspektrum ermittelt, das die Armatur unter Freifeldbedingungen (Rohrdurchmesser nach Ventil sehr groß) abstrahlt. Unter Berücksichtigung der Ausführungen in Abschn. 2 kann dann das Schallleistungsspektrum in der Rohrleitung nach der Armatur näherungsweise berechnet werden und hieraus dann das Schallleistungsspektrum der nach außen abgestrahlten Geräusche.

Weitere Verfahren zur Berechnung der Schallabstrahlung von Armaturen sind in [171, 172, 173] angegeben; im Gegensatz zu dem nachfolgend beschriebenen Rechenverfahren setzen diese jedoch die Kenntnis ventilspezifischer Angaben voraus.

Flüssigkeiten Der Gesamt-Schallleistungspegel (re 10^{-12} W) der in die Rohrleitung nach der Armatur übertragenen Geräusche wird unter Berücksichtigung der Ergebnisse in Abschn. 2.4 abgeschätzt.

ohne Kavitation
$$L_W = 41$$
$$+ 10 \lg \left(\frac{q}{c_0} u^3 \frac{1}{10^{-12} \text{W}} \right) \text{dB} \quad f\ddot{u}r \ \sigma$$
$$> \sigma_k$$
$$(91)$$

voll ausgebildete Kavitation
$$L_W = 88$$
$$+ 10 \lg \left(\frac{q}{c_0} u^3 \frac{1}{10^{-12} \text{W}} \right) \text{dB} \quad f\ddot{u}r$$
$$0 < \sigma < 0,5 \sigma_k$$
$$(92)$$

Ausdampfung
$$L_W \approx 88$$
$$+ 10 \lg \left(\frac{q}{c_0} u^3 \left[\frac{p_2}{p_D} \right]^3 \frac{1}{10^{-12} \text{W}} \right) \text{dB} \quad f\ddot{u}r$$
$$\sigma < 0$$
$$(93)$$

mit
$$\sigma = \frac{p_2 - p_D}{0,5 \rho u^2}$$
$$(94)$$

u Strömungsgeschwindigkeit an der engsten Stelle der Armatur in m/s,
c_0 Schallgeschwindigkeit in der ungestörten Flüssigkeit in m/s,
q Durchflussmenge in kg/s,
σ Kavitationszahl,
σ_k kritische Kavitationszahl, bei der das jeweilige Ventil zu kavitieren beginnt,
p_1 Druck vor der Armatur in Pa,
p_2 Druck nach der Armatur in Pa,
p_D Dampfdruck der Flüssigkeit in Pa,
ρ Dichte der Flüssigkeit in kg/m^3.

Im Bereich $\sigma_k > \sigma > 0,5 \sigma_k$ steigt die Schallleistung sehr stark mit abnehmendem σ an (Abb. 7); eine verbindliche Schallleistungsangabe kann in diesem Bereich nicht gemacht werden. Der Schallleistungspegel bei Ausdampfung kann mit Gl. (93) nur grob geschätzt werden.

Eine näherungsweise Berechnung der Strömungsgeschwindigkeit u an der engsten Stelle in der Armatur gelingt mit

$$u = \sqrt{1,4 \cdot \frac{2}{\rho}\,(p_1 - p_2)} \qquad (95)$$

Das Schallleistungsspektrum kann mit Abb. 9 in Verbindung mit Gl. (21) und unter Berücksichtigung von Gl. (37) abgeschätzt werden, wenn gesetzt wird

$$d = \sqrt{\frac{4\,q}{\pi \rho\,u}} \qquad (96)$$

Gase Der gesamte Schallleistungspegel L_W der in die Rohrleitung nach einer gasdurchströmten Armatur übertragenen Geräusche kann für ein Standard-Stellventil mit einstufiger Entspannung unter Verwendung von Gl. (90) abgeschätzt werden, wenn die Schallabstrahlung ins Freifeld erfolgt (Rohrdurchmesser sehr groß). In Abb. 56

sind die für verschiedene Standardventile gemessenen Gesamt-Schallleistungspegel L_W (re 10^{-12} W) – normiert mit $q\,c^2$ – in Abhängigkeit von $(p_1 - p_2)/p_2$ aufgetragen. Außerdem ist zum Vergleich Gl. (90) eingezeichnet.

Nach [86] ergibt sich das Terzspektrum in der Rohrleitung nach der gasdurchströmten Armatur näherungsweise zu:

$$L_{W/Terz} = L_W + \Delta L_1 - \Delta L_2 - 5 \quad dB \qquad (97)$$

mit (siehe Gl. (37))

$$\Delta L_1 = 10\lg\left(1 + (0,77 f_G/f)^2\right) \qquad (98)$$

mit f_G siehe Gl. (36)

und

$$\Delta L_2 = \begin{cases} 10\lg\left(1 + (f_0/f)^{2,5}\right) & \text{für } f < f_0 \\ 10\lg\left(1 + f/f_o\right) & \text{für } f \geq f_0 \end{cases}$$
$$\textit{mit } f_0 = 0,4\,\frac{u}{\sqrt{S_3}} \qquad\qquad\qquad (99)$$

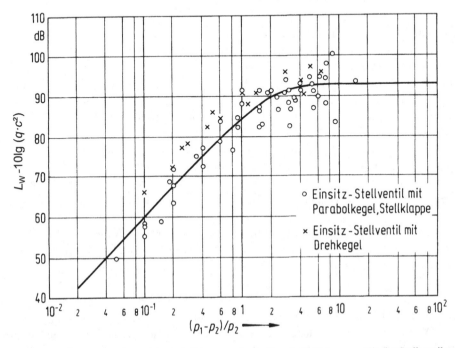

Abb. 56 Gesamt-Schallleistungspegel in der Rohrleitung nach einem einstufigen gasdurchströmten Standardventil [86] (Rohrdurchmesser sehr groß). o Einsitz-Stellventil mit Parabolkegel, Stellklappe; x Einsitz-Stellventil mit Drehkegel. Näherung Gl. (90)

Im engsten Querschnitt der Armatur können die Strömungsgeschwindigkeit u, die Dichte ρ und die Fläche S_3 wie folgt abgeschätzt werden:

$$u/c = \begin{cases} \sqrt{(p_1 - p_2)/p_2} \;\; \text{für } p_1 < 2p_2 \\ 1 \qquad\qquad\;\; \text{für } p_1 \geq 2p_2 \end{cases}$$

$$\rho_3/\rho_1 = \begin{cases} [1 - 0{,}47\,(p_1 - p_2)/p_2]^{1/\kappa} \;\; \text{für } p_1 < 2p_2 \\ [2/(\kappa + 1)]^{1/(\kappa-1)} \qquad\;\; \text{für } p_1 \geq 2p_2 \end{cases}$$

$$S_3 = \frac{q}{\rho_3\, u}$$

$$(100)$$

ρ_1 Dichte des Gases in der Rohrleitung vor der Armatur in kg/m^3,

κ Isentropenexponent des Gases,

c Schallgeschwindigkeit in der Rohrleitung nach der Armatur in m/s.

9.3 Geräuschminderung

Bei **Armaturen für Flüssigkeiten** besteht die Hauptaufgabe darin, Kavitation zu vermeiden. Das kann geschehen durch:

- Wahl eines großen Gegendruckes, z. B. dadurch, dass man die Armatur möglichst tief legt.
- Verwendung einer Armatur mit kleinem Druckrückgewinn (Mehrstufenarmatur). Manchmal genügt es, dazu die Durchflussrichtung zu ändern oder zwei Armaturen in Reihe zu schalten.
- Einbau eines Strömungswiderstandes hinter der Armatur, z. B. Lochscheiben.

Bei den **Armaturen für Gase** besteht die Hauptaufgabe darin, die höchste Strömungsgeschwindigkeit in der Armatur möglichst gering zu halten und das Geräuschspektrum in einen sehr hohen Frequenzbereich zu verschieben. Das kann geschehen durch:

- Entspannung in mehreren Stufen;
- Einbau von Strömungswiderständen, z. B. Lochscheiben;
- Aufteilung des freien Öffnungsquerschnittes in viele kleine Öffnungen.

Die mit diesen Maßnahmen erreichbare Pegelminderung beträgt bei großen Druckverhältnissen bis zu 25 dB.

Weitere Schallschutzmaßnahmen bei Armaturen sind:

- Bei gasdurchströmten Armaturen Einbau von Schalldämpfern[7] zwischen Armatur und den angeschlossenen Rohrleitungen. Für die Geräusche der Rohrleitungen sind Pegelsenkungen von 20 dB(A) und mehr möglich.
- Schalldämmende Ummantelungen der Rohrleitungen und des Armaturengehäuses. Pegelsenkungen bis zu 35 dB(A) sind erreichbar.

10 Wassergeräusche in Kühltürmen

Bei großen Kühltürmen (in Kraftwerken, Raffinerien und petrochemischen Werken) entstehen wesentliche Geräusche durch die aus einigen Metern Höhe frei herabfallenden Wassermassen [174–179]. Die abgestrahlte Schallleistung dürfte proportional dem Wasserdurchsatz und der Aufprallgeschwindigkeit der Tropfen sein.

Eine in der Praxis bewährte Abschätzung des A-Schallleistungspegels der Wassergeräusche von Kühltürmen gelingt mit nachstehender Beziehung zusammen mit Abb. 57:

$$L_{\mathrm{WA}} = 104 + 10\lg\left(\frac{q}{1\,\mathrm{m}^3/\mathrm{s}}\right)$$

$$\pm\; 2 \;\; \mathrm{dB(A)} \qquad (101)$$

q Wasserdurchsatz in m^3/s.

Die entstehenden Geräuschspektren sind nach [177] stark abhängig von der Wassertiefe h des Wasserauffangbeckens des Kühlturmes, wie Abb. 58 verdeutlicht. Hieraus ergeben sich Mög-

---

[7]Reduzierung des Gasschalls in den Rohren als auch des Körperschalls in den Rohrwandungen.

lichkeiten zur Minderung der Wassergeräusche in Kühltürmen:

– Konstruktive Maßnahmen am Wasserbecken, damit die Wassertropfen beim Aufprallen eine möglichst geringe Wassertiefe h vorfinden;
– Aufprallabschwächer, z. B. auf der Wasseroberfläche schwimmende dünnmaschige Gitter.

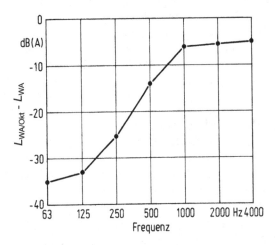

Abb. 57 Mittleres normiertes A-bewertetes Oktav-Schallleistungsspektrum für die Wassergeräusche eines Kühlturmes [179]. $L_{WA/Okt}$ A-bewerteter Oktav-Schallleistungspegel, L_{WA} gesamter A-Schallleistungspegel

Mit solchen Maßnahmen ist es möglich, den Schallleistungspegel der Wassergeräusche um 10 dB(A) zu verringern (Abb. 58).

11 Pneumatische Feststoff-Transportleitungen

Der pneumatische Transport von – vor allem körnigen – Feststoffen durch Rohrleitungen ist aufgrund der hohen Effizienz, der flexibel gestaltbaren und wartungsarmen Transportstrecken (Rohrleitungen) und der möglichen Automatisier- und Vernetzbarkeit ein weit verbreitetes Standardverfahren. Obwohl alle Komponenten pneumatischer Transportsysteme (Transportlufterzeugung und -konditionierung, Produkt-Aufgabevorrichtung, Transportleitung sowie Produkt-Austragsvorrichtung) schall-technisch bedeutsam sein können, sind häufig die Rohrleitungen aufgrund ihrer großen räumlichen Ausdehnung und exponierten Lage problematische Schallquellen.

Entscheidend für die Schallemission einer Förderanlage ist außer der Art des Förderverfahrens auch der Typ der zur Bereitstellung der Förderluft eingesetzten Strömungsmaschine. Aus schalltechnischer Sicht lassen sich daher zunächst zwei

Abb. 58 Terz-Schallleistungsspektren von Geräuschen, die beim Aufprallen von Wassertropfen auf eine Wasserfläche unterschiedlicher Wassertiefe h abgestrahlt werden

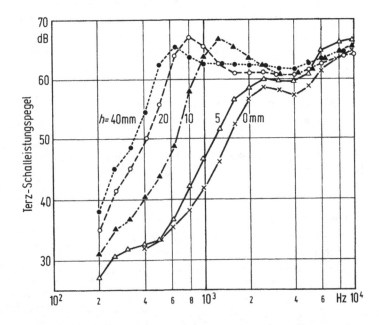

grundsätzlich verschiedene Arten pneumatischer Transportsysteme unterscheiden, und zwar hinsichtlich des Druckniveaus der verwendeten Transportluft.

11.1 Niederdruck-Förderanlagen

Niederdruck-Fördersysteme arbeiten i. d. R. mit Transport-Ventilatoren, die von der Förderluft und dem Fördergut durchströmt werden. Transport-Ventilatoren sind Radial-Ventilatoren mit speziell ausgebildeten Laufrädern; die Gesamtdruckdifferenz beträgt meist $<0,1$ bar. Die Transportleitungen sind i. d. R. dünnwandige Blechrohre oder -kanäle mit einer Länge bis höchstens einigen 100 m. Die Produkt-Einspeisung erfolgt meist durch direktes Ansaugen des in der Nähe der Ventilator-Saugöffnung anfallenden Fördergutes. Die Luftgeschwindigkeit liegt üblicherweise über 20 m/s. Beim Transport ist das gering konzentrierte Fördergut gleichmäßig über den Rohrleitungsquerschnitt verteilt, d. h. es liegt der Förderzustand der sog. Flugförderung [180, 181] vor. Der Produkt-Austrag erfolgt meist durch direktes Ausblasen von Förderluft und Fördergut in ein Vorratsgefäß oder einen Lagerraum, wobei die Förderluft ggf. über einen Textilfilter oder einen Zyklon abgeschieden werden kann. Beispiele für solche pneumatischen Niederdruck-Fördersysteme sind die in der Landwirtschaft gebräuchlichen Gebläse für den Transport von Heu, Stroh oder Häckselgut sowie Absauganlagen für Holzspäne, Sägemehl, Stäube oder Papierschnitzel. Da es sich in aller Regel um spezifisch sehr leichtes Transportgut handelt, entstehen beim Durchgang durch die Transportleitungen nur geringe Kontaktgeräusche und die Schallemission der Rohrleitungen wird praktisch nur von der durch den Ventilator eingestrahlten Schallleistung bestimmt. Daher sind Schalldämpfer zwischen Ventilator und Transportstrecke, sofern ihre Bauart den ungehinderten Durchgang des Transportgutes zulässt, prinzipiell geeignet, die Schallemission pneumatischer Niederdruck-Transportleitungen oder deren Austragsöffnungen zu mindern. Das Verhältnis der Massenströme von transportiertem Produkt, M_o und der Förderluft, M_L, auch Gutbe-

ladung μ genannt, ist bei Niederdruck-Flugförderanlagen <1; die Schallabsorption der beladenen Luft ist daher kaum höher als bei reiner Luft und die Schallpegelabnahme längs der Rohrleitung entspricht praktisch derjenigen in üblichen Lüftungskanälen. Insofern treten bei pneumatischen Niederdruck-Transportsystemen i. d. R. keine spezifischen akustischen Phänomene auf und die möglichen Schallminderungsmaßnahmen sind die gleichen wie bei Ventilator-Standardanwendungen.

11.2 Hochdruck-Förderanlagen

Bei pneumatischen Hochdruck-Fördersystemen wird die benötigte Förderluft von einem Drehkolbengebläse (Roots- oder Schraubenverdichter) erzeugt bzw. einem Druckluftnetz entnommen; die Förderdrücke liegen zwischen etwa 0,5 und 5 bar. Die Förderleitungen bestehen aus Stahl, Edelstahl oder Aluminium; Leitungslängen von mehreren 100 m bis etwa 2 km sind keine Seltenheit. Wegen des Überdrucks in der Förderluft muss das Fördergut mit Hilfe einer abdichtenden Aufgabe-Vorrichtung in die Transportleitung eingeschleust werden; bei körnigen Schüttgütern benutzt man hierzu z. B. Zellenradschleusen, bei staubförmigen Medien auch Schneckenpumpen. Der Produktaustrag am Ende der Förderleitung erfolgt entweder direkt oder über einen Zyklonabscheider in ein Lager- oder Transportgefäß bzw. am Verbrauchsort.

Für die Schallabnahme der pneumatischen Förderleitungen ist der Förderzustand, d. h. die Strömungsform in der Leitung, von entscheidender Bedeutung. In der Literatur sowie in der Praxis findet man zur Beschreibung des Förderzustands die unterschiedlichsten Begriffe wie z. B. Flug-, Schub-, Pfropfen-, Strähnen-, Dünen-, Ballen- oder Langsamförderung, die von den Herstellern pneumatischer Förderanlagen auch keineswegs einheitlich verwendet werden und daher zu Verwirrungen führen können. Wesentlich für das Verständnis der Schallentstehung in Förderleitungen ist die Betrachtung der beiden möglichen Extreme des Förderzustands, der Dünnstromförderung und der Dichtstromförderung [182].

a DÜNNSTROMFÖRDERUNG

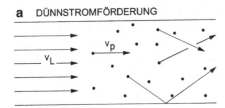

b DICHTSTROMFÖRDERUNG

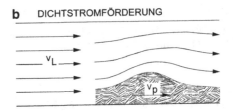

Abb. 59 Zustände der Gas-Feststoffströmung bei der Dünnstrom- oder Flugförderung und bei der Dichtstromförderung. Dünnstromförderung: vollkommen gemischte Gas-Feststoffströmung Dichtstromförderung: vollkommen entmischte Gas-Feststoffströmung

Bei hoher Luftgeschwindigkeit und geringer Feststoffbeladung der Förderluft bewegen sich die gasförmige und die feste Phase nahezu vollständig vermischt durch die Rohrleitung, die Geschwindigkeit der Feststoffpartikel beträgt etwa 50 bis 80 % der Luftgeschwindigkeit. Dieser Strömungszustand lässt sich eindeutig der Dünnstrom- oder Flugförderung zuordnen und ist akustisch durch zahlreiche Stoßvorgänge der Feststoffpartikel mit der Rohrwand gekennzeichnet, welche eine erhebliche Körperschallanregung – und damit Schallemission – der Förderleitung verursachen (Abb. 59). Wesentliche Einflussparameter sind daher Partikelgeschwindigkeit und -masse sowie Rohrwanddicke und -material.

Bei niedrigen Luftgeschwindigkeiten und hoher Feststoffbeladung der Förderluft kommt es insbesondere bei grobkörnigen Schüttgütern zu einer fast vollkommen entmischten Gas-/Feststoff-Strömung, bei der sich das Schüttgut in Form von Strähnen und Dünen am Rohrboden bewegt und die Luft darüber hinwegströmt. Die Feststoffgeschwindigkeit ist sehr viel geringer als die Luftgeschwindigkeit, es liegt eine reine Dichtstromförderung vor (Abb. 59). Infolge der langsamen Fortbewegung der Feststoffansammlungen und der damit verbundenen Reib- und Rollvorgänge wird die Förderleitung in wesentlich geringerem Maße zu Schwingungen angeregt als bei der Dünnstromförderung.

Zwischen den oben erläuterten Extremen Dünnstrom- und Dichtstromförderung gibt es bei technisch genutzten Fördersystemen einen fließenden Übergang. Bestimmend für die Schallemission der Förderleitungen ist dabei der als Dünnstrom- oder Flugförderungsanteil zu betrachtende Prozentsatz des Schüttgut-Massenstroms.

Abhängig von der Feststoff-Konzentration und der Art des Transportguts tritt in der Förderleitung eine erhöhte Schallreflexion und Schallabsorption auf. Daher sind i. d. R. die vom Fördergebläse bzw. der Sendevorrichtung in die Transportleitung eingestrahlten Geräusche nach einigen Metern Leitungslänge so stark reduziert, dass die Schallemission der Förderleitung praktisch nur noch von der Stoßanregung der Rohrwand durch die Feststoffpartikel bestimmt wird. Daher ist mit Schalldämpfern in Förderleitungen keine Schallminderung zu erreichen; hierzu benötigt man schalldämmende Rohrummantelungen. Dagegen kann ein Schalldämpfer am Ausgang des Fördergebläses wegen der oft erheblichen Länge der Luftleitung zwischen Gebläse und Feststoff-Aufgabestelle sinnvoll sein, falls die Schallemission der Luftleitung wesentlich und eine schalldämmende Ummantelung der Leitung nicht kostengünstiger ist.

Schallentstehung an Krümmern Wegen der starken Impulsänderung, die das Fördergut an Hindernissen und Richtungsänderungen erfährt, sind Rohrbögen und Krümmer von Förderleitungen, insbesondere bei der Flugförderung, einem deutlichen Verschleiß unterworfen. In Rohrleitungen für besonders verschleißträchtiges Fördergut werden deshalb nicht selten anstelle einfacher Rohrkrümmer geschweißte Sonderkonstruktionen mit armierter Außenkurve, so genannte Kastenkrümmer, eingesetzt.

Entsprechend der wesentlich stärkeren Stoßanregung der Rohrwand liegt die Schallemission von

Krümmern um ein Vielfaches über der der geraden Förderleitung. Infolge der Körperschallanregung durch den Krümmer haben auch die unmittelbar angrenzenden Förderleitungsteile eine höhere Schallemission als die von den Krümmern weiter entfernten Rohrabschnitte; man kann davon ausgehen, dass die Schallemission auf etwa die doppelte Bogenlänge des Krümmers gegenüber der geraden Rohrleitung erhöht ist.

Als Kompromiss zwischen kleinstmöglichem Biegeradius und minimalem Materialverschleiß wird das Verhältnis von Krümmungsradius und Leitungsdurchmesser bei Förderleitungskrümmern meist zu $R/d = 6$ dimensioniert. In diesem Fall kann die „akustische" Länge $l_{ak,B}$ (in m) eines Krümmers, d. h. die Länge einer geraden Förderleitung gleicher Schallemission, abgeschätzt werden mit:

$$l_{ak,B} = k_b \, d_a \qquad (102)$$

mit

$k_b = 80$ für Rohrkrümmer in Flugförderleitungen,

$\ldots = 160$ für Rohrkrümmer in Dichtstromförderleitungen,

$\ldots = 320$ für Kastenkrümmer in Flugförderleitungen.

d_a Außendurchmesser der Förderleitung in m.

Diese Richtwerte gelten für 90°-Bögen. Für Richtungsänderungen um 45° können die o. g. Werte für k_b halbiert werden.

Näherungsweise Berechnung der Schallabstrahlung Der A-bewertete Schallleistungspegel L_{WA} (re 10^{-12} W) einer pneumatischen Hochdruckförderleitung ergibt sich näherungsweise zu:

$$L_{WA} = 10 \lg \left(\sum l_{ak,B} + l_{gL} \right) + L_{W'A} \qquad (103)$$

$\sum l_{ak,B}$ Summe der „akustischen Längen" der n Krümmer, Rohrbögen und Weichen gemäß Gl. (102)

l_{gL} geometrische Länge der geraden Förderleitungs-Abschnitte

$L_{W'A}$ ist der längenspezifische A-Schallleistungspegel je m Förderleitung, der für körniges Transportgut mit einem Elastizitätsmodul von 200 bis 2000 N/mm^2 und Förderleitungen aus Aluminium oder Stahl wie folgt abgeschätzt werden kann:

$$L_{W'A} = 28 + 13 \lg \left(\frac{d_a}{1 \text{ m}} \right) - 30 \lg \left(\frac{h}{1 \text{ mm}} \right)$$
$$- 10 \lg \left(\frac{\rho_w}{1 \text{ kg/m}^3} \right) + 3,5 \lg \left(\frac{\dot{M}_p}{1 \text{ t/h}} \right)$$
$$+ 7 \lg \left(\frac{m_p}{1 \text{ mg}} \right) + 10 \lg \left(\frac{v_L}{1 \text{ m/s}} \right) \text{ dB}$$
$$(104)$$

d_a Außendurchmesser der Förderleitung in m,

h Wanddicke der Förderleitung in mm,

ρ_w Dichte der Rohrwand in kg/m^3,

v_L Luftgeschwindigkeit in der Förderleitung in m/s,

$\dot{M}_p$ Produkt-Massenstrom in der Förderleitung in t/h,

m_P Partikelmasse des Fördergutes in mg,

Bei Dichtstromförderung ist in Gl. (104) anstelle der Luftgeschwindigkeit v_L die maßgebliche Produktgeschwindigkeit v_P einzusetzen; für übliche Anwendungen ist $v_p \approx 1$ m/s.

Abb. 60 zeigt das normierte Oktav-Schallleistungsspektrum von Förderleitungen mit Flugförderung und Dichtstromförderung.

12   Industrielle Brenner

Die Brenner in Prozessöfen, Dampfkesseln, Dampfüberhitzern und Fackeln gehören zu den wichtigsten Schallquellen in Raffinerien, petrochemischen Anlagen und Kraftwerken [141, 183, 184].

Die Brennergeräusche entstehen beim turbulenten Verbrennungsprozess selbst [185–190], beim turbulenten Ausströmen (siehe Abschn. 8) von gasförmigen Brennstoffen aus den Brennerdüsen und, soweit vorhanden, beim Ausströmen von zur Verbesserung der Verbrennung oder zur

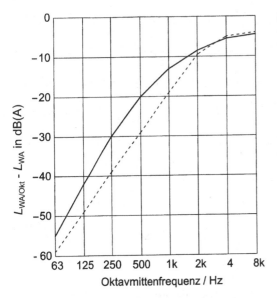

Abb. 60 Normiertes A-bewertetes Oktav-Schallleistungs-spektrum von Hochdruck-Förderleitungen. $L_{WA/Okt}$ A-bewerteter Oktav-Schallleistungspegel, L_{WA} A-Schall-leistungspegel. —— Dichtstromförderung, ········· Flugförderung

Verdüsung flüssiger Brennstoffe zugegebenen Medien wie Wasserdampf und Luft. Wesentliche Einflussgrößen für die Verbrennungsgeräusche sind die unterfeuerte Wärmeleistung und der Turbulenzgrad in der Flamme.

Bei den Prozessöfen, Dampfkesseln, Dampfüberhitzern und Bodenfackeln sind die Brenner – akustisch gesehen – in einem Raum untergebracht. Die Geräusche bestehen aus einem breitbandigen Rauschen mit überlagerten Pegelspitzen, die auf Eigenfrequenzen des Brennraumes und ggf. der Zuleitungssysteme für den gasförmigen Brennstoff sowie die Verbrennungsluft zurückzuführen sind.

Wird der Verbrennungsvorgang durch Eigenschwingungen des Brennraumes gesteuert, so können Töne hoher Intensität auftreten (siehe Abb. 63 und Abschn. 13).

12.1 Näherungsweise Berechnung der Schallabstrahlung

Die Schallabstrahlung von **Brennern von Prozessöfen, Dampfkesseln und Dampfüberhit-**

zern erfolgt zum einen in die Luftzuführungen und zum anderen in den Brennraum. Die in die Luftzuführungen eingetragenen Geräusche werden bei selbstansaugenden Brennern direkt ins Freie und bei zwangsbelüfteten Brennern zunächst in die angeschlossenen Verbrennungsluftkanäle abgestrahlt. Die in den Brennraum abgestrahlten Geräusche werden über die Umfassungsbauteile der Brennkammer, die Rauchgaskanäle und den Abgaskamin ins Freie übertragen.

Die Schallemission eines Brenners wird maßgeblich von den Prozessdaten wie

– unterfeuerte Heizleistung,
– Zusammensetzung, Temperatur und Vordruck des Brennstoffes,
– Menge und Austrittsgeschwindigkeit zugegebener Medien (Wasserdampf, Luft) zur Verbesserung der Verbrennung oder Verdüsung flüssiger Brennstoffe sowie
– Temperatur, Menge und Strömungsgeschwindigkeit der Verbrennungsluft beeinflusst.

Die Verbrennungsgeräusche können durch Schallquellen im Gas- bzw. im Luftzuführungssystem (z. B. durch Armaturen oder Ventilatoren) verstärkt werden.

Allgemein gültige Berechnungsmodelle, mit denen die von Brennern abgestrahlten Schallleistungen unter Berücksichtigung der o. g. Prozessdaten zufriedenstellend prognostiziert werden können, sind noch Gegenstand von Untersuchungen.

Bei Prozessöfen, Dampfkesseln und Dampfüberhitzern kann mit gutem Schallschutz ein A-Schallleistungspegel L_{WA} (re 10^{-12} W) für die von Brennern erzeugten und nach außen ins Freie abgestrahlten Geräusche von

$$L_{WA} = 83 + 10 \lg \left(\frac{N_0}{1\,\text{MW}} \right) \; \text{dB(A)} \quad (105)$$

N_0 Nenn-Heizleistung des Brenners in MW; $0{,}1\,\text{MW} < N_0 < 5\,\text{MW}$.

unterschritten werden.

Durch Addition des Terms $25 \lg(N/N_0)$ auf der rechten Seite von Gl. (105) kann der A-Schallleistungspegel bei der tatsächlichen Heizleistung N abgeschätzt werden.

Sogenannte **Bodenfackeln** bestehen üblicherweise aus ein oder mehreren Brennern, welche in einen senkrechten Kamin großen Durchmessers gerichtet sind. Geräusche werden in der Regel über die Luftansaugöffnungen am Boden der Fackel (sogenannte Brennerfenster) und die Fackelmündung (Abgasöffnung) abgestrahlt. Für kleine und mittlere Abstände von der Fackel ist der immissionswirksame A-Schallleistungspegel der Ansaugseite einer Bodenfackel ohne sekundären Schallschutz etwa 6 dB(A) größer als der der Fackelmündung. Aus diesem Grund werden bei neuen Bodenfackeln in der Regel an der Luftansaugseite innenseitig schallabsorbierende Abschirmwände vorgesehen. Häufig wird aus diesem Grund der ohnehin vorhandene Windzaun, welcher die Brennerfenster vom Wind abschirmt, als Schallschutz verwendet indem dessen Schirmwirkung durch schallabsorbierende Auskleidung verbessert wird.

Für eine Bodenfackel mit gutem sekundärem Schallschutz auf der Luftansaugseite können im Normalbetrieb mit einem gering zu Rußbildung neigenden Brenngas die A-Schallleistungspegel und das dazugehörige Oktavspektrum mit

$$L_{WA} = 100$$
$$+ 15 \lg\left(\frac{q}{1\ t/h}\right) \begin{matrix} +3 \\ -5 \end{matrix} \quad dB(A)\,, \quad (106)$$

q Brenngas-Massenstrom in t/h 3…100 t/h), in Verbindung

mit Abb. 61 grob abgeschätzt werden [192].

Bodenfackeln werden in der Regel gebaut für Gasmengen bis etwa 150 t/h. In sogenannten **Hochfackeln** werden Brenngase bis etwa 1500 t/h mit großer, sichtbarer Flamme am oberen Ende eines Turmbauwerks abgefackelt. Die Bandbreite an unterschiedlichen Ausführungen, Betriebsbedingungen, Brenngasen und Systemen zur Rauchunterdrückung sind noch vielfältiger als bei Bodenfackeln. Da die Schallabstrahlung stark von diesen und weiteren Parametern abhängt, existiert für ihre Berechnung keine einfache Näherung. Grundsätzlich kann jedoch angenommen werden, dass eine Hochfackel bei gleichem Gasdurchsatz um etwa 10 dB(A) lauter ist als eine Bodenfackel [183].

Die näherungsweise Berechnung von Fackelgeräuschen wie in Gl. (106) und [183] ist sehr großen Unsicherheiten ausgesetzt. Aufgrund der Komplexität der Schallentstehung in Fackelsystemen ist die Entwicklung zuverlässiger Vorhersagemodelle nach wie vor Gegenstand der Forschung [193].

12.2 Geräuschminderung

Zur Verringerung der bei Prozessöfen, Dampfkesseln und Dampfüberhitzern ins Freie übertragenen Geräusche sind folgende Schallschutzmaßnahmen üblich:

– Bei selbstansaugenden Brennern:
  Einbau von Schalldämpfern vor die Luftansaugöffnungen der Brenner.
– Bei zwangsbelüfteten Brennern:
  Verwendung von kreisförmigen Verbrennungsluftkanälen (höhere Schalldämmung als Rechteckkanäle, siehe Abschn. 2.7);

Abb. 61 Mittleres normiertes Oktav-Schallleistungspegelspektrum für eine Bodenfackel [141, 192]. $L_{WA/Okt}$ A-bewerteter Oktav-Schallleistungspegel, L_{WA} gesamter A-Schallleistungspegel

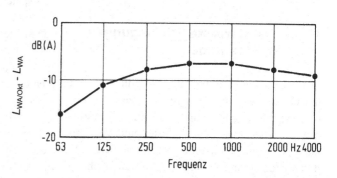

schalldämmende Ummantelung der Verbrennungsluftkanäle (siehe Abschn. 2.9) und/oder Einbau von Schalldämpfern zwischen Brenner und Verbrennungsluftkanal.

- Verminderung der Schallabstrahlung über die Brennergehäuse z. B. durch eine außenseitige schalldämmende Ummantelung.
- Berücksichtigung schalltechnischer Gesichtspunkte bei der Gestaltung der Ofenwände:
  Erhöhung der Schallabsorption im Ofeninnenraum durch Verwendung von Fasermaterial und Erhöhung der Schalldämmung der Ofenwände durch z. B. akustisch zweischalige Wandkonstruktionen [194].
- Einbau von Schalldämpfern in den Abgaskamin.

Bei den Fackeln kommen folgende Schallschutzmaßnahmen [192] in Frage:

- Verwendung von Brennern, bei denen der Gasaustritt auf eine Vielzahl von einzelnen Öffnungen verteilt ist;
- Reduzierung der Gas-Austrittsgeschwindigkeit;
- Begrenzung der Dampfzugabe und der Dampfaustrittsgeschwindigkeit auf das verbrennungstechnisch erforderliche Mindestmaß.

Bei den Bodenfackeln werden diese Maßnahmen ergänzt durch:

- Schallabsorbierende Auskleidung des Fackelbodens (z. B. durch eine Kiesschüttung);
- Aufstellung innenseitig schallabsorbierender Schallschirme oder akustisch optimierter Windzäune auf der Ansaugseite.

13 Selbsterregte Schwingungen in Feuerungen

In Verbrennungssystemen unterschiedlichster Art und Größe – von Hausheizungen bis zu Industrieöfen, Strahltriebwerken und stationären Gasturbinen – werden sogenannte selbsterregte Verbrennungsschwingungen beobachtet. Sie äußern sich durch laute Brumm- oder Pfeiftöne, die auch als Schwebungen ausgebildet sein können, und starke Vibrationen der betroffenen Anlage. Vom „normalen" Verbrennungsrauschen unterscheiden sich die dabei auftretenden Druckschwankungen vor allem dadurch, dass sie bei diskreten Frequenzen erfolgen und sehr große Amplituden aufweisen. Letztere erreichen deutlich höhere Werte als durch reine Resonanzeffekte hervorgerufen werden, wenn also durch das breitbandige Verbrennungsrauschen Eigenfrequenzen des Brennraumes angeregt werden. Die Schwingungen wer-den begleitet von einem intensivierten Wärmeübergang an die Wände des Systems und in vielen Fällen verschlechtern sich außerdem Flammenstabilität und Wirkungsgrad bei gleichzeitiger Zunahme des Schadstoffausstoßes. Neben inakzeptablen Schallemissionen führen die Schwingungen wegen der erhöhten mechanischen und thermischen Beanspruchung zu vorzeitigem Verschleiß und können im Extremfall die völlige Zerstörung des Brenners und/oder anhängender Komponenten nach sich ziehen.

Im Gegensatz zu den Geräuschemissionen, die allein durch das Rauschen turbulenter Flammen entstehen, ist es für selbsterregte Verbrennungsschwingungen charakteristisch, dass eine Rückkopplung zwischen den Schwingungen und der Verbrennungsreaktion (Flamme) besteht. Die Schwingungen werden aufrechterhalten, weil ihnen durch die Verbrennung periodisch Energie zugeführt wird und zwar derart, dass die periodische Energiezufuhr durch die Schwingungen selbst verursacht und „getaktet" wird. Dadurch können sich die Oszillationen selbst anfachen.

Selbsterregte Verbrennungsschwingungen wurden schon vor mehr als 200 Jahren zum ersten Mal beschrieben [235], führten aber erst wesentlich später erstmals zu größeren Schwierigkeiten in technischen Anwendungen [195, 196]. Seitdem haben sie beständig an Bedeutung gewonnen. Auch in neuester Zeit verursachen selbsterregte Verbrennungsschwingungen immer häufiger Probleme in industriellen Verbrennungssystemen, unter anderem als Folge der kontinuierlich steigenden Leistungsdichten moderner Brenner und der zunehmenden Entwicklung hin zu magerer Vormischverbrennung. Beide Effekte erhöhen die Anfälligkeit für die Schwingungen.

Beträchtliche Schwierigkeiten bei der Bekämpfung bereitet die teilweise extrem hohe Sensitivität gegenüber kleinsten Einflüssen und Veränderungen einzelner Systemparameter, wie Leistung, Temperatur, Druck, Strömungsgeschwindigkeit, Verwirbelung, Geometrie, Brennstoff, Mischung, etc. Häufig wird beobachtet, dass minimale Variationen dieser Parameter darüber entscheiden, ob selbsterregte Verbrennungsschwingungen auftreten oder nicht.

13.1 Entstehungsmechanismus

Der Mechanismus der Selbsterregung von Verbrennungsschwingungen kann sich in seinen Details von Fall zu Fall sehr stark unterscheiden. In den meisten technisch relevanten Fällen beruht er jedoch im Prinzip auf einer rückgekoppelten Wechselwirkung zwischen dem Schallfeld im System, der Strömung durch das System und der Energiezufuhr durch die exotherme Verbrennungsreaktion.

Ein Beispiel für eine solche Interaktion ist in Abb. 62 als vereinfachtes Blockschaltbild dargestellt. Druckschwankungen p' regen im Brennraum und den angeschlossenen Luft- und Gasleitungen ein charakteristisches Schallfeld an. Die damit verbundenen Wechseldrücke und -bewegungen können einen fluktuierenden Massenstrom $\dot{m}'$ der in den Brennraum eintretenden

Gasströme hervorrufen. Von der Strömung zur Reaktionszone transportiert, haben diese Massenstromschwankungen dort eine periodische Versorgung der Flamme mit brennbarem Gemisch zur Folge, was zu Fluktuationen der pro Zeiteinheit umgesetzten Stoffmenge und damit der durch die Verbrennung freigesetzten Energie $\dot{Q}'$ führt. Über die Volumenausdehnung verursacht die oszillierende Wärmefreisetzungsrate $\dot{Q}'$ als akustische Monopol-Quelle wiederum Druckschwingungen p'. Unter geeigneten Umständen regen diese das Schallfeld im Brennraum zusätzlich an und eine positive Rückkopplung entsteht: die Schwingungsamplituden wachsen selbsterregt an.

Im Beispiel wird die periodische Energiefreisetzung in der Flamme durch Massenstromschwankungen hervorgerufen. Daneben kann dies jedoch auch über andere Mechanismen erfolgen, wie beispielsweise Schwankungen der Gemischzusammensetzung [197–199], instationäre Kraftstoffaufbereitung (z. B. [200]), periodische Ablösung und Abreaktion von Wirbeln (z. B. [201, 202]) und schwankenden Wärmetransport an Oberflächen [203, 204].

Damit die periodische Zufuhr von Wärme $\dot{Q}'$ anregend auf die Druckschwingungen p' in einem Gasvolumen wirkt, muss sie jeweils zum richtigen Zeitpunkt oder „im richtigen Takt" erfolgen. Eine genauere Formulierung dieses Sachverhaltes wurde bereits 1877 von Lord Rayleigh mit dem später nach ihm benannten Kriterium aufgestellt:

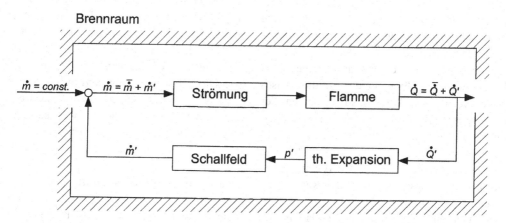

Abb. 62 Selbsterregte Verbrennungsschwingungen: Vereinfachtes Blockschaltbild eines möglichen Rückkopplungsmechanismus

Demzufolge werden Druckschwingungen dann durch periodische Wärmezufuhr angeregt, wenn Druck- und Wärmeschwingung phasengleich verlaufen oder nicht mehr als 90° Phasenverschiebung zueinander aufweisen [205, 206]. Das von Rayleigh zunächst nur auf harmonische Schwingungen angewandte Kriterium bildet nach wie vor die Basis für zahlreiche Abwandlungen und Ergänzungen, durch die sein Anwendungsbereich bedeutend erweitert und verallgemeinert werden konnte [207–209].

13.2   Berechnung

Zur Modellierung von selbsterregten Verbrennungsschwingungen existieren zahlreiche Methoden, die sich zum Teil sehr stark in ihrer Genauigkeit und in dem für die Berechnung erforderlichen Aufwand unterscheiden. Eine kurze Beschreibung der wichtigsten Ansätze sowie eine umfangreiche Literaturübersicht findet sich zum Beispiel in [210].

Sehr viele Berechnungsansätze verwenden Formen der akustischen Wellengleichung, um das durch die Schwingungen angeregte Schallfeld zu beschreiben. Während dies meist gut gelingt, ist die zur Berechnung des Selbsterregungsmechanismus' notwendige Modellierung des instationären Verhaltens der Flamme und dessen Einbindung in die Wellengleichung ein zentrales Problem.

Eine große Gruppe von Rechenmodellen verwendet hierzu sogenannte Verzugszeiten, die beschreiben, nach welcher Zeitspanne Fluktuationen des Druckes im Brenner entsprechende Fluktuationen der von der Flamme freigesetzten Wärme bewirken. Eingebunden in die akustischen Gleichungen können so Lösungen des resultierenden Gleichungssystems bestimmt werden, für die die Amplituden selbsterregt anwachsen (z. B. [195, 211, 212]). Die absolute Höhe der voll aufgeklungenen Amplituden (Grenzzyklus, limit cycle) kann so jedoch in der Regel nicht berechnet werden.

Genauer kann das Verhalten der Flamme mit sogenannten „Flammentransferfunktionen" berücksichtigt werden. Vereinfacht geben diese die frequenzabhängige Verstärkung und die Phasenverschiebung wieder, die eine Schallwelle erfährt, wenn sie auf die Flamme trifft, also das „akustische Übertragungsverhalten" der Flamme. Die Flammentransferfunktion kann als Schallquelle wiederum in die akustischen Feldgleichungen eingebunden werden (z. B. [213, 214]).

Das Hauptproblem dieser Modelle – sowie der meisten Modelle zur Berechnung selbsterregter Verbrennungsschwingungen ganz allgemein – liegt darin, dass sie das System nicht in seiner Gesamtheit mit allen an der Selbsterregung beteiligten Effekten erfassen. Sie erfordern deshalb Eingabeparameter – wie Verzugszeiten oder Flammentransferfunktionen – die vorab nicht bekannt und schwierig zu bestimmen sind, weil sie eigentlich Teil des zu berechnenden Ergebnisses sind [215].

Um hier Methoden zu entwickeln, die eine echte *Vorhersage* erlauben, wurden Simulationen durchgeführt, die auf einem sehr grundlegenden Gleichungssystem basieren, nämlich auf den instationären Erhaltungsgleichungen (Spezies, Masse, Impuls und Energie), einer thermodynamischen Zustandsgleichung und geeigneten Gleichungen für den chemischen Stoffumsatz durch die Verbrennung. Die Lösung dieses Gleichungssystems berücksichtigt das schwingungsfähige System weitestgehend in seiner Gesamtheit, so dass sich Wechselwirkungen von Verbrennung, Strömung und Schallfeld und damit der Mechanismus der Selbsterregung direkt ergeben.

Obwohl mit der numerischen Berechnung solcher Gleichungssysteme große Fortschritte gemacht wurden [210, 216–221], können diese Verfahren jedoch bisher nicht praktikabel zur Berechnung selbsterregter Verbrennungsschwingungen in industriellen Systemen eingesetzt werden. Wegen des dafür notwendigen enormen Rechenzeitaufwandes sind derartige Simulationen auch heute noch kaum wirtschaftlich durchzuführen.

13.3   Gegenmaßnahmen

Nach wie vor lassen sich selbsterregte Verbrennungsschwingungen in industriellen Feuerungen nicht zuverlässig vorhersagen. Sie treten daher meist unerwartet auf und müssen dann nachträglich beseitigt oder zumindest abgemindert werden. Die wichtigsten dabei eingesetzten Prinzipien sind nachfolgend zusammengestellt, die angegebene Literatur kann aufgrund der Fülle existierender Arbeiten nur eine beispielhafte Auswahl bleiben.

Passive Maßnahmen dämpfen oder beeinflussen die Schwingungen, ohne zusätzliche Energiezufuhr von außen zu benötigen. Hierzu zählen vor allem gewöhnliche Schalldämpfer in den Gas-, Luft- und/oder Abgasleitungen des Systems oder Schallisolierungen und Ausfütterungen. Die Einbringung einer schallabsorbierenden Innenverkleidung des Ofenbodens führte bei dem Beispiel in Abb. 63 zur Beseitigung der massiven Schwingungsprobleme.

Weitere wichtige passive Maßnahmen sind Doppelwandungen oder Innenrohre innerhalb der Brennkammer, sowie der Helmholtz-Resonator [222] und der λ/4-Resonator. Da die Funktion dieser beiden speziellen Dämpfungselemente auf der Anregung ihrer Eigenresonanz beruht, wirken sie nur innerhalb eines sehr engen Frequenzbandes und müssen bei Auslegung für niedrige Frequenzen sehr groß gebaut werden. Ihr Einbau in bestehende Anlagen bereitet daher oft Platzprobleme.

Um die Schallausbreitung im System zu behindern und die Anzahl der möglichen akustischen Eigenmoden zu beschränken, können Schottwän-

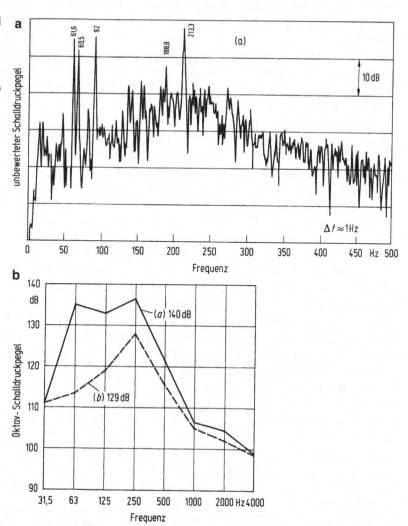

Abb. 63 Schalldruckpegel in einem Prozessofen. (**a**) Ofenboden nicht schallabsorbierend, durch Brennraumresonanzen gesteuerte Verbrennung. (**b**) Ofenboden schallabsorbierend

de eingebaut werden [223]. Sie bestehen aus Blechen, Platten, Scheiben und anderen Einbauten, die die Geometrie lokal stärker unterteilen und so weniger niederfrequente Eigenmoden zulassen. Durch eine Erhöhung des Druckabfalls in der Gaszufuhr, beispielsweise durch Blenden, kann die Rückkopplung mit dem Brennkammerdruck verringert werden. Durch die dissipativen Verluste an diesen Hindernissen steigern sie zusätzlich die Schallabsorption. Im Gegensatz zu den eingangs genannten Maßnahmen, welche größtenteils so ausgeführt werden können, dass sie die Strömung durch das System nur wenig behindern, bedeuten Einbauten stets auch deutliche zusätzliche Druck- und damit Leistungsverluste. Ein weiteres Problem ist bei Einbauten in der Brennkammer die hohe thermische Belastung und die damit verbundene Gefahr des Abbrennens der Bauteile.

Da für den Schwingungsmechanismus die Eigenfrequenzen des Verbrennungssystems eine wichtige Rolle spielen, kann es durch globale Geometrieänderungen akustisch verstimmt werden. Gelingt es, beispielsweise durch Modifikation der Länge der Ansaug- oder Abgasführung, die Resonanzfrequenzen so zu verändern, dass das Zusammenwirken von Energiezufuhr und Schallfeld gestört wird (Rayleigh-Kriterium), so können selbsterregte Schwingungen dadurch verhindert werden. Besonders bei kleineren Systemen mit wenigen niederfrequenten Eigenmoden kann dieses Vorgehen sehr erfolgreich sein. Nachteil der Methode ist die Gefahr, die Schwingungen auf diese Weise nur auf eine andere Frequenz zu verlagern sowie der meist nicht zu rechtfertigende bauliche Aufwand für nachträgliche Geometrievariationen an fertiggestellten Anlagen. In Fällen, in denen die selbsterregten Schwingungsmoden starke Symmetrie aufweisen, konnten gute Erfolge mit Maßnahmen erzielt werden, die diese Symmetrie in irgendeiner Form stören oder abmindern [224], beispielsweise durch ungleichmäßige Anordnung der Brenner.

Ein weiterer Ansatzpunkt für passive Gegenmaßnahmen ist die Verbrennung selbst. Ein Einfluss kann beispielsweise über Äquivalenzverhältnis und Leistung, die Flammenlänge („weiche" Flamme, siehe auch Gl. (1a) und (1b)) oder die Art des Brenners ausgeübt werden (Axialstrahl-/Drallbrenner, gestufte Verbrennung etc.), sowie über den Weg des Brenngemischs zur Reaktionszone – z. B. durch Verlegung der Kraftstoffeindüsung [220]. Da Modifikationen der Verbrennungsführung – sofern sie überhaupt nachträglich durchgeführt werden können – meist unerwünschte Nebenerscheinungen nach sich ziehen (z. B. geringerer Wirkungsgrad, erhöhter Schadstoffausstoß, etc.), wird auch versucht, die Interaktion Flamme-Strömung-Schallfeld vorwiegend über das Strömungsfeld zu stören [225, 226].

Aktive Maßnahmen beruhen auf dem Prinzip der Regelung, bei dem auftretende Schwingungen durch gezieltes und automatisches Gegensteuern mit einem geeigneten Stellglied kompensiert werden. Beispielsweise kann der Brennkammerdruck von einem Sensor erfasst und das gemessene Signal-geeignet phasenverschoben und verstärkt – einem Aktuator zugeleitet werden. Dieser moduliert die Luft- oder Kraftstoffzufuhr so, dass auftretende Schwankungen der Flammen-Leistungsfreisetzung ausgeglichen werden und sich keine selbsterregten Schwingungen aufbauen können.

Während die Funktionsfähigkeit solcher Regelungen im Labormaßstab vielfach demonstriert wurde (für einen Überblick siehe [227–229]), konnten sie in industriellen Systemen bisher nur vereinzelt implementiert werden. Hauptgründe hierfür sind der bestehende Mangel an geeigneten Aktuatoren, die starke Abhängigkeit der Schwingungseigenschaften und damit der Reglerparameter vom jeweiligen Betriebszustand und der erforderliche hohe technische Aufwand. Ein Beispiel für den erfolgreichen Einsatz „aktiver Instabilitätskontrolle" an stationären Gasturbinen findet sich in [224, 230].

Literatur

1. Radek, U.: Kavitationserzeugte Druckimpulse und Materialzerstörung. Acustica **26**, 270 (1972)
2. Baiter, H.J.: Anmerkungen zur Literatur über die Entstehung von Strömungskavitation, 2. Teil: Bericht der Forschungsgruppe Hydroakustik der Fraunhofer-Gesellschaft zur Förderung der angewandten Forschung e.V., München (1971)
3. Blake, W.K.: Mechanics of Flow-Induced Sound and Vibration. Academic, Orlando (1986)

4. Lauterborn, W., Heinrich, G.: Literaturverzeichnis: Kavitation und Blasenbildung in Flüssigkeiten. 3. Physikalisches Institut der Universität Göttingen (1971)
5. Baiter, H.J.: Geräusche der Strömungskavitation. Bericht 9/71 der Forschungsgruppe Hydroakustik der Fraunhofer-Gesellschaft zur Förderung der angewandten Forschung e.V., München (1971)
6. Erdmann, H., Herrmann, D., Morsbach, M., Quinkert, R., Sudhof, H.: Untersuchungen über die mit der Geräuscherzeugung durch den Propeller, insbesondere mit der Kavitation verbundenen akustischen Probleme. Arbeitsabschnitt II und III. Battelle-Insitut e.V., Frankfurt/Main (1969)
7. Jorgensen, D.W.: Noise from cavitating submerged water jets. J. Acoust. Soc. Am. 33, 1334–1338 (1961)
8. Knapp, R.T.: Cavitation mechanics and its relation to the design of hydraulic equipment. Proc. Inst. Mech. Eng. A 166, 150 (1952)
9. Eisenberg, P.: Kavitation, Schiffstechnik 1, Heft 3 (1953) 111; Heft 4 (1953) 155; Heft 5 (1954) 201
10. Knapp, R.T., Hollander, A.: Laboratory investigations of the mechanism of cavitation. Trans. ASME 70, 419–435 (1948)
11. Hunsaker, J.C.: Cavitation research. Mech. Eng. 57, 211–216 (1935)
12. Knapp, R.T.: Recent investigations of the mechanics of cavitation and cavitation damage. Trans. ASME 77, 1045–1054 (1955)
13. Knapp, R.T.: Further studies of the mechanics and damage potential of fixed type cavities. In: Cavitation in Hydrodynamics. London (1956)
14. Plesset, M.S.: The dynamics of cavitation bubbles. J. Appl. Mech. 16, 277–282 (1949)
15. Gallant, H.: Untersuchungen über Kavitationsblasen. Österr. Ing.-Z. 5, 74 (1962)
16. Lord Rayleigh, J.W.: On the pressure developed in a liquid during the collapse of a spherical cavity. Philos. Mag. 34, 94–98 (1917)
17. Fitzpatrick, H.M., Stasberg, M.: Hydrodynamik sources of sound. In: 1st Symposium on Naval Hydrodynamics, Washington, DC, S. 241–282 (1956)
18. Fitzpatrick, H.M.: Cavitation noise. In: 2nd Symposium on Naval Hydrodynamics. Washington, DC, S. 201–205 (1958)
19. Lyamshev, L.M.: On the theory of hydrodynamic cavitation noise. Sov. Phys. Acoust. 15, 494 (1970)
20. Akulichev, V.A.: Experimental investigation of an elementay cavitation zone. Sov. Phys. Acoust. 14, 284 (1969)
21. Crighton, D.G., Ffowcs Williams, J.E.: Sound generation by turbulent two-phase flow. J. Fluid Mech. 36, 585–603 (1969)
22. Boguslavskii, Y.Y.: Propagation of sound waves in a liquid during cavitation. Sov. Phys. Acoust. 14, 151 (1968)
23. Boguslavskii, Y.Y., Ioffe, A.I., Naugol'nykh, K.A.: Sound radiation by a cavitation zone. Sov. Phys. Acoust. 16, 17 (1970)
24. Frank, P.: Untersuchungen an kavitierenden Düsen im Freifeld, DAGA, S. 441. VDI. Düsseldorf (1976)
25. Rouse, H., Hassan, M.M.: Mech. Eng. 71, 213 (1949)
26. Esipov, J.B., Naugol'nykh, K.A.: Cavitation noise in submerged jets. Sov. Phys. Acoust. 21(4), 404 (1976)
27. Mellen, R.H.: Ultrasonic spectrum of cavitation noise in water. J. Acoust. Soc. Am. 26, 356 (1954)
28. Mellen, R.H.: An experimental study of the collapse of a spherical cavity in water. J. Acoust. Soc. Am. 28, 447–454 (1956)
29. Lesunovskii, V.P., Khokha, Y.V.: Characteristics of the noise spectrum of hydrodynamic cavitation on rotating bars in water. Sov. Phys. Acoust. 14, 474 (1969)
30. Branns, D.: Effekte der Strömungskavitation an rotierenden Förderorganen. Dissertation an der TH Aachen (1970)
31. Aleksandrov, I.A.: Physical nature of the „rotation noise" of ship propellers in the presence of cavitation. Sov. Phys. Acoust. 8, 23–28 (1962)
32. Oswatitsch, K.: Physikalische Grundlagen der Strömungslehre. In: Flügge, S. (Hrsg.) Handbuch der Physik. Strömungsmechanik I, Bd. VIII/1. Springer, Berlin (1959)
33. Stüber, B.: Untersuchung aerodynamisch erzeugter Schallfelder mit Hilfe der Modellmethode. Dissertation TH München (1967)
34. Holle, W.: Frequenz- und Schallstärkemessungen an Hiebtönen. Akust. Z. 3, 321–331 (1938)
35. Bloor, M.S.: The transition to turbulence in the wake of a circular cylinder. J. Fluid Mech. 19, 290–304 (1964)
36. Hama, F.R.: Three-dimensional vortex pattern behind a circular cylinder. J. Aero. Sci. 24, 156–158 (1957)
37. Kovasznay, L.S.G.: Hot-wire investigation of the wake behind cylinders at low Reynolds numbers. Proc. R. Soc. A 198, 174–190 (1949)
38. Roshko, A.: On the development of turbulent wakes from vortex streets. NACA Technical Report 1191 (1954)
39. Roshko, A.: Experiments on the flow past a circular cylinder at very high Reynolds number. J. Fluid Mech. 10, 345–356 (1961)
40. Delany, N.K., Sorensen, N.E.: Low-speed drag of cylinders of various shapes. NACA Technical Note 3038 (1953)
41. Relf, E.F., Simmons, L.F.G.: The frequency of the eddies generated by the motion of circular cylinders through a fluid. Philos. Mag. 49, 509 (1925)
42. Surry, D.: The effect of high intensity turbulence on the aerodynamics of a rigid circular cylinder at subcritical Reynolds number. University of Toronto UTIA Report No. 142 (1969)
43. Strouhal, V.: Über eine besondere Art der Tonerregung. Ann. Phy. Chem. 5, 216–251 (1878)
44. Etkin, B., Korbacher, G.K., Keefe, R.T.: Acoustic radiation from a stationary cylinder in a fluid stream. University of Toronto UTIA Report 39 (1956). J. Acoust. Soc. Am. 29, 30–36 (1957)

45. Lehnert, R.: Acoustic measurements of vortex streets behind cylinders and flat plates. Phys. Z. **38**, 476–498 (1937)

46. Bearman, P.W.: On vortex street wakes. J. Fluid Mech. **28**, 625–641 (1967)

47. Keefe, R.T.: Investigation of the fluctuating forces acting on a stationary circular cylinder in a subsonic stream and of the associated sound field. University of Toronto UTIA Report No. 76 (1961). J. Acoust. Soc. Am. **34**, 1711–1714 (1962)

48. Bishop, R.E.D., Hassan, A.Y.: The lift and drag forces on a circular cylinder in a flowing fluid. Proc. R. Soc. A **277**, 32 (1964)

49. Fung, Y.C.: Fluctuating lift and drag acting on a cylinder in a flow at supercritical Reynolds numbers. J. Aero. Sci. **27**, 801–814 (1960)

50. Gerrard, J.H.: An experimental investigation of the oscillation lift and drag of a circular cylinder shedding turbulent vortices. J. Fluid Mech. **11**, 244–256 (1961)

51. Jones, G.W.: Unsteady lift forces generated by vortex shedding about large stationary, and oscillating cylinder at high reynolds number. ASME Symposium on unsteady flow, paper 68–FE-36 (1968)

52. Hamphreys, J.S.: On a circular cylinder in a steady wind at transition Reynolds numbers. J. Fluid Mech. **9**, 603–612 (1960)

53. McGregor, D.M.: An experimental investigation of the oscillating pressures on a circular cylinder in a fluid. University of Toronto UTIA Report Note 14 (1957)

54. Leehey, P., Hanson, C.E.: Aeolian tones associated with resonant vibration. J. Sound Vib. **13**, 465–483 (1971)

55. Gerrard, J.H.: A disturbance-sensitive Reynolds number range of the flow past a circular cylinder. J. Fluid Mech. **22**, 187–196 (1965)

56. Bloor, M.S., Gerrrard, J.H.: Measurements on turbulent vortices in a cylinder wake. Proc. R. Soc. A **294**, 319 (1966)

57. Chen, S.S.: Flow-Induced Vibration of Circular Cylindrical Structures. Hemisphere, London (1987), Distribution Berlin, Heidelberg, New York: Springer

58. Obermeier, F.: Berechnung aerodynamischer Schallfelder mittels der Methode der „Matched Asymptotic Expansions". Acustica **18**, 238–240 (1967)

59. Stüber, B.: Schallabstrahlung und Körperschallanregung durch Wirbel. Acustica **23**, 82–92 (1970)

60. Ffowcs Williams, J.E.: Hydrodynamic noise. Annu. Rev. Fluid Mech. **1**, 197–222 (1969)

61. Ribner, H.S.: The generation of sound by turbulent jets. Adv. Appl. Mech. **48**, 105–182 (1964)

62. Crow, S.C., Champagne, F.H.: Orderly structure in jet turbulence. J. Fluid Mech. **8**, 547–591 (1971)

63. Mollo-Christensen, F.: Jet noise and shear flow instabilities seen from an experimenters viewpoint. J. Appl. Mech. **89**, 1–7 (1970)

64. Michalke, A.: An expansion scheme for the noise from circular jets. Z. Flugwiss. **20**, 229–237 (1972)

65. Fuchs, H.V.: Eigenschaften der Druckschwankungen im subsonischen Freistrahl. In: Proceedings of 7th International congress on acoustics, Budapest, Bd. 4, S. 449 (1971)

66. Lighthill, M.J.: On sound generated aerodynamically. Proc. R. Soc. **A211**, 564–587 (1952). A **222**, 1–32 (1954)

67. Ffowcs Williams, J.E.: The noise from turbulence convected at high speeds. Philos. Trans. R. Soc. Lond. A **225**, 469–503 (1963)

68. Sprenger, H.: Über thermische Effekte in Resonanzrohren. Mittelungen aus dem Institut für aerodynamik der ETH Zürich 21, S. 18 (1954)

69. Böhnke, W.: Schallerzeugung durch einen gestörten Freistrahl. Gemeinschaftstagung Akustik und Schwingungstechnik Berlin, S. 237–240. VDI, Düsseldorf (1970)

70. Powell, A.: On the mechanism of choked jet noise. Proc. Phys. Soc. Bd. **66**, 1039–1056 (1953)

71. Powell, A.: The reduction of choked jet noise. Proc. Phys. Soc. Bd. **67**, 313–327 (1954)

72. Willmarth, W.W., Wooldridge, C.W.: Measuremtens of the correlation between the fluctuating velocities and the fluctuating wall pressure in a thick boundary layer. J. Fluid Mech. **14**, 187–210 (1962). and **22**, 81–94 (1965)

73. Schloemer, H.H.: Effects of pressure gradients on turbulent-boundary-layer wall pressure fluctuations. J. Acoust. Soc. Am. **42**, 93–113 (1967)

74. Blake, W.K.: Turbulent boundary layer wall pressure fluctuations on smooth and rough walls. J. Fluid Mech. **44**, 637–660 (1970)

75. Corcos, G.M.: The structure of the turbulent pressure field in boundary layer flows. J. Fluid Mech. **18**, 353–378 (1964)

76. Wills, J.A.B.: Measurements of the wave number/phase velocity spectrum of wall pressure beneath a turbulent boundary layer. J. Fluid Mech. **45**, 65–90 (1970)

77. Kim, H.T., Kline, S.J., Reynolds, W.C.: The production of turbulence near a smooth wall in a turbulent boundary layer. J. Fluid Mech. **50**, 133–160 (1971)

78. Emmerling, R.: Die momentane Struktur des Wanddrucks einer turbulenten Grenzschichtströmung. Mitt. Max-Planck-Institut f. Strömungsforschung Nr. 56. Göttingen (1973)

79. Kistler, A.L., Chen, W.S.: The fluctuating pressure field in a supersonic turbulent boundary layer. Jet propulsion laboratory technical report No. 32–277, Aug. (1962)

80. Ffowcs Williams, J.E.: Sound radiation from turbulent boundary layers formed on compliant surfaces. J. Fluid Mech. **22**, 347–358 (1965)

81. Crighton, D.C.: Radiation from turbulence near a composite flexible boundary. Proc. Phys. Soc. A **314**, 153–173 (1970)

82. Heckl, M.: Körperschallanregung von elastischen Strukturen durch benachbarte Schallquellen. Acustica **21**, 149–161 (1969)

83. Ffowcs Williams, J.E.: The influence of simple supports on the radiation from turbulent flow near a plane compliant surface. J. Fluid Mech. **26**, 641–649 (1966)

84. Sebald, A.: Schallleistungsmessung mit kreisförmigen Strömungskanälen mit wandbündig eingebauten Aufnehmern. Diplomarbeit Fachhochschule München, Fachbereich 03: Maschinenbau, Juli (1988)

85. VDI-Richtlinie 3733: Juli 1996: Geräusche bei Rohrleitungen (Noise at pipes) (1996)

86. Stüber, B., Fritz, K.R., Lang, F.: Gasdurchströmte Stellventile, Näherungsweise Berechnung der Schallabstrahlung der angeschlossenen Rohrleitungen. Müller-BBM Bericht 11461 mit Anhang, gefördert durch das Ministerium für Umwelt, Raumordnung und Landwirtschaft des Landes Nordrhein-Westfalen, Okt. (1986)

87. Ahrens, C., Ronneberger, D.: Luftschalldämmung in turbulent durchströmten schallharten Rohren bei verschiedenen Wandrauhigkeiten. Acustica **25**, 150–157 (1971)

88. Stüber, B.: Verlustfaktoren von gasgefüllten Rohrleitungen. DAGA, S. 439–442. VDE, Berlin (1980)

89. Fritz, K.R., Stüber, B.: Schalldämmung und Abstrahlgrad von gasgefüllten Stahlrohren. DAGA, S. 357–360. VDE, Berlin (1980)

90. Cremer, L.: Theorie der Luftschalldämmung zylindrischer Schalen. Acustica **5**, 245–256 (1955)

91. Heckl, M.: Schallabstrahlung und Schalldämmung von Zylinderstrahlern. Dissertation TU Berlin (1957)

92. Heckl, M.: Experimentelle Untersuchungen zur Schalldämmung von Zylindern. Acustica **8**, 259–265 (1958)

93. Kuhn, G.F., Morfey, C.L.: Transmission of low-frequency internal sound through pipe walls. J. Sound Vib. **47**, 147 (1976)

94. Sinambari, G.R.: Ausströmgeräusche von Düsen und Ringdüsen in angeschlossenen Rohrleitungen: ihre Entstehung, Fortpflanzung und Abstrahlung. Dissertation Universität Kaiserslautern (1981)

95. Stüber, B., Fritz, K.R., Lang, F.: Schalldämmende Rohrleitungsummantelungen hoher Pegelsenkungen. Müller-BBM-Bericht Nr. 5500 vom 10.05.1978, erarbeitet im Auftrag des Ministers für Arbeit, Gesundheit und Soziales des Landes Nordrhein-Westfalen, Gesch.-Zeich. III B 2-8824.3 RE (1978)

96. Kozlik, W.: Experimentelle Bestimmung der Schalldämmung und Schallabstrahlung von gasgefüllten Rechteckkanälen. Diplomarbeit aus der technischen Akustik an der Fachhochschule München, Jan. (1983)

97. Heckl, M.: Schallabstrahlung von punktförmig angeregten Hohlzylindern. Acustica **9**, 86–92 (1959)

98. Stüber, B., Lang, F.: Abstrahlmaße verschiedener Bauteile in verfahrenstechnischen Anlagen. DGMK-Projekt 312, Dez. (1983)

99. Michelsen, R., Fritz, K.R., v. Sazenhofen, C.: Wirksamkeit schalldämmender Ummantelungen von Rohren. DAGA, S. 301. VDE, Berlin (1980)

100. Muheim, J.A., Rathé, E.J.: Geräuschverhalten von Ventilatoren, kritische Übersicht über bisherige Erfahrungen und Erkenntnisse. TH Zürich (1968)

101. Recknagel-Sprenger: Taschenbuch für Heizung. Lüftung und Klimatechnik. Oldenbourg, München (1977)

102. Eck, B.: Technische Strömungslehre. Springer, Berlin (1961)

103. Eck, B.: Ventilatoren. Springer, Berlin (1962)

104. Wolf, H.: Akustische Wirkung von Propellern, Stahltriebwerken und Freistrahlen. Maschinenbautechnik **7**(11), 573–580 (1958)

105. Sharland, I.J.: Sources of noise in axial flow fans. J. Sound Vib. **1**, 302–322 (1964)

106. Leidel, W.: Einfluss von Zungenabstand und Zungenradius auf Kennlinie und Geräusch eines Radialventilators. Deutsche Versuchsanstalt für Luft- und Raumfahrt, Forschungsbericht 69–76 (1969)

107. Embleton, T.W.: Experimental study of noise reduction in centrifugal blowers. J. Acoust. Soc. Am. **35**, 700–705 (1963)

108. Simpson, H.C., Macaskill, R., Clark, T.A.: Generation of hydraulic noise in centrifugal pumps. Proc. Inst. Mech. Eng. **181**, Part 3A (1966–1967)

109. Lowson, M.V.: Reduction of compressor noise radiation. J. Acoust. Soc. Am. **43**, 37–50 (1968)

110. Kemp, N.H., Sears, W.R.: Aerodynamic interference between moving blade rows. J. Aero. Sci. **20**, 585–598 (1953)

111. Kemp, N.H., Sears, W.R.: The unsteady forces due to viscous wakes in turbomaschines. J. Aero. Sci. **22**, 478–483 (1955)

112. Lowson, M.V.: Theoretical analysis of compressor noise. J. Acoust. Soc. Am. **47**, 371–385 (1970)

113. Filleul, N., Le, S.: An investigation of axial flow fan noise. J. Sound Vib. **3**, 147–165 (1966)

114. Allen, C.H.: Noise from air conditioning fans. Noise Control **3**, 28–34 (1957); siehe auch Beranek, L.L. (Hrsg.) Noise Reduction oder Harris, H.C. (Hrsg.) Handbook of Noise Control, Kap. 25. McGraw-Hill, New York (1957)

115. Bommes, L.: Geräuschentwicklung bei Ventilatoren kleiner und mittlerer Umfangsgeschwindigkeit. Lärmbekämpfung **5**, 69–75 (1961)

116. Beranek, L.L., Kampermann, G.W., Allen, C.H.: Noise of centrifugal fans. J. Acoust. Soc. Am. **27**, 217–219 (1955)

117. Zeller, W., Stange, H.: Vorausbestimmung der Lautstärke von Axialventilatoren. Heiz. Lüft. Haustechn. **8**, 322 (1957)

118. Wickström, B.: Beitrag zur zweckmäßigen Bestimmung und Darstellung des Ventilatorgeräusches als Grundlage für akustische Berechnungen von Lüftungsanlagen. Dissertation TU Berlin (1964)

119. Stüber, B., Ludewig, H.: Schallabstrahlung von Axialventilatoren für Luftkühler und Kühltürme. Z. Lärmbekämpfung **27**, 104–108 (1980)

120. Fritz, K.R., Ludewig, H.: Schallabstrahlung von Radialventilatoren hoher Förderleistung. Z. Lärmbekämpfung **32**, 73–78 (1985)

121. VDI-Richtlinie 3731, Blatt 2: Emissionskennwerte
technischer Schallquellen. Ventilatoren, Nov. 1990

122. VDI-Richtlinie 2081, Blatt 1: Geräuscherzeugung
und Lärmminderung in Raumlufttechnischen Anlagen. Juli 2001

123. Yudin, E.J.: Untersuchungen des Lärms von Lüfter-
anlagen und die Methode zu seiner Bekämpfung.
ZAGI Bericht Nr. 713, Moskau (1958)

124. Nemec, J.: Noise of axial fans and compressors: study
of its radiation and reduction. J. Sound Vib. **6**,
230–236 (1967)

125. Duncan, P.E., Dawson, B.: Reduction of interaction
tones from axial flow fans by suitable design of rotor
configuration. J. Sound Vib. **33**, 143–154 (1974)

126. Zeller, W.: Lärmabwehr bei Lüftungsanlagen. Forschungsbericht des Landes Nordrhein-Westfalen
Nr. 1117. Westdeutscher Verlag, Köln (1967)

127. Barsikow, B., Neise, W.: Der Einfluss ungleichförmi-
ger Zuströmung auf das Geräusch von Radialventilatoren. DAGA, S. 411–414. VDE, Berlin (1978)

128. Longhouse, R.E.: Control of tip vortex noise of axial
flow fans by rotating shrouds. J. Sound Vib. **58**,
201 (1978)

129. Fukano, T., Kodama, J., Takamatsu, J.: The effects of
tip clearance on the noise of low pressure and mixed-
flow fans. J. Sound Vib. **105**, 291 (1986)

130. Marcinowski, H.: Der Einfluss des Laufradspaltes bei
leitradlosen frei ausblasenden Axialventilatoren.
Voith Forschung und Konstruktion 3 (1958)

131. Wieland, H.: Vergleich verschiedener Systeme zum
Verändern der Förderleitung bei Radialventilatoren.
VDI-Berichte **594**, 267–281 (1986)

132. Lowson, M.V., Potter, R.S.: Potential noise reduction
methods for axial flow compressors. Wyle Lab. Res.
Staff Rept. WR 66-9 (1966)

133. Chaimowitch, E.M.: Ölhydraulik. 3. Aufl. VEB Verlag Technik, Berlin (1959)

134. Schulz, H.: Die Pumpen. 13. Aufl. Springer, Berlin
(1977)

135. Leuschner, G.: Kleines Pumpenhandbuch für Chemie
und Technik. Verlag Chemie, Weinheim (1967)

136. Sulzer: Kreiselpumpen-Handbuch, 3. Aufl. Vulkan-
Verlag (1990)

137. Autorenkollektiv: Technisches Handbuch Pumpen.
7. Aufl. Verlag Technik, Berlin (1987)

138. Hübsch, H.G.: Untersuchung des Geräuschverhaltens
und konstruktive Möglichkeiten zur Geräuschminderung an nicht druckkompensierten Zahnradpumpen.
Dissertation Univ. Stuttgart, Mai 1969 (1969)

139. Heckl, M., Mühle, C.: Geräuscherzeugung durch
Hydraulikanlagen. Bericht Nr. 2177. Müller-BBM
GmbH (1970)

140. VDI-Richtlinie 3743, Blatt 2: Emissionskennwerte
technischer Schallquellen, Pumpen, Verdrängerpum-
pen, Juni (1989)

141. Stüber, B., Lang. F.: Stand der Technik bei der Lärmminderung in der Petrochemie. Umweltbundesamt,
Berlin (1979)

142. Schmitt, A., Klein, V.: Schallemission von Chemie-
Normpumpen. Chemie-Anlagen und Verfahren, Heft 6
(1979)

143. Saxena, S.V., Wonsak, G., Nagel, W.: Geräuschemission von Kreiselpumpen, Forschungsbericht Nr. 184
der Bundesanstalt für Arbeitsschutz und Unfallfor-
schung. Dortmund, Wirtschaftsverlag NW, Bremer-
haven (1978)

144. Lehmann, W., Melhorn, P.: Untersuchung der Geräuschemission von Kreiselpumpen in Abhängigkeit
der konstruktiven Ausführungen und Betriebsbedingungen. Pumpentagung Karlsruhe (1978)

145. VDI-Richtlinie 3743, Blatt 1: Emissionskennwerte
technischer Schallquellen, Pumpen, Kreiselpumpen,
Sept. (2003)

146. Föller, D.: Untersuchung der Anregung von Körperschall in Maschinen und der Möglichkeiten für eine
primäre Lärmbekämpfung. Dissertation TH Darm-
stadt (1972)

147. Hagen, K.: Volumenverhältnisse, Wirkungsgrade und
Druckschwankungen in Zahnradpumpen. Dissertation TH Stuttgart, (1958)

148. Kahrs, M.: Die Verbesserung des Umsteuervorganges
schlitzgesteuerter Hydro-Axialkolbenmaschinen mit
Hilfe eines Druckausgleichskanals. Ölhydraulik und
Pneumatik **12**, 9–15 (1968)

149. Domm, U., Dernedde, R.: Über eine Auswahlregel für
die Lauf- und Leitschaufelzahl von Kreiselpumpen.
KSB Technische Berichte Nr. 9

150. Guglhör, M.: Problematik heutiger Windkraftanlagen. Diplomarbeit FH München (1986)

151. Information des Staatlichen Umweltamtes Bielefeld,
Mär. (2002)

152. Sachinformation zu Geräuschemissionen und -immis-
sionen von Windenergieanlagen, Landesumweltamt
Nordrhein-Westfalen (2002)

153. Piorr, D.: Schallemissionen und -immissionen von
Windkraftanlagen. Fortschritte der Akustik – DAGA
(1991)

154. Gesetz zur Umsetzung der UVP-Änderungsrichtlinie,
der IVU-Richtlinie und weiterer EG-Richtlinien zum
Umweltschutz, BGBl. I, Nr. 40 vom 02.08.2001 (2001)

155. DIN EN 61400-11: Windenergieanlagen – Teil 11:
Schallmessverfahren (IEC 61400-11:2012), Sept.
(2013)

156. Fördergemeinschaft für Windenergie e.V. (Hrsg.): Tech-
nische Richtlinien für Windenergieanlagen, Teil 1:
Bestimmung der Emissionswerte, Stand 01.02.2008,
Kiel (2008)

157. DIN 45681: Bestimmung der Tonhaltigkeit von Geräuschen und Ermittlung eines Tonzuschlages für die
Beurteilung von Geräuschimmissionen. Mär. 2005
(2005)

158. Sechste Allgemeine Verwaltungsvorschrift zum
Bundes-Immissionsschutzgesetz (Technische Anlei-

tung zum Schutz gegen Lärm – TA Lärm) vom 26. Aug. 1998, GMBl 1998, Nr. 26, S. 503 (1998)

159. Ising, H., Markert, B., Shenoda, F., Schwarze, C.: Infraschallwirkungen auf den Menschen. VDI-Verlag (1982)

160. Hubert, M.: Untersuchungen über die Geräusche durchströmter Gitter. Dissertation TU Berlin (1970)

161. Sondhauss, C.F.J.: Über die Ausströmung der Luft entstehende Töne. Pogg. Ann. Phys. Chem. **91**, 126–214 (1854)

162. v. Gierke, H.: Über Schneidetöne an kreisrunden Gasstrahlern und ebenen Lamellen. Dissertation Karlsruhe (1944)

163. Heller, H.: Tonbildung bei der Durchströmung scharfkantiger Düsen mit hoher Unterschallgeschwindigkeit. Dissertation TU Berlin (1965)

164. Gordon, C.: Spoiler-generated flow noise. J. Acoust. Soc. Am. **43**, 1041–1048 (1968). und **45**, 214–223 (1969)

165. Heller, H., Widnall, S.E.: Sound radiation from rigid flow spoilers correlated with fluctuating forces. J. Acoust. Soc. Am. **47**, 934–936 (1970)

166. VDI 3738: Emissionskennwerte technischer Schallquellen, Armaturen (1994)

167. Allen, E.E.: Valves can be quiet. Hydrocarb. Process. 137–141 (1972)

168. Izmit A., McDaniel, O.H., Reethof, G.: The nature of noise sources in control valves. In: Inter-noise, S. B183 (1977)

169. Bach, M.: Strömungsbild, Wanddruck, Körperschallanregung und Luftschallabstrahlung bei einem Ventilmodell mit verschiedenen Drosselkörpern. Dissertation TU Berlin (1983)

170. Reethof, G.: Control valve and regulator noise generation, propagation and reduction. Noise Control Eng. **9**, 74–85 (1977)

171. VDMA 24422: Armaturen; Richtlinie für die Geräuschberechnung; Regel- und Absperrarmaturen. Jan. (1989)

172. DIN EN 60534-8-3: Stellventile für die Prozessregelung – Teil 8–3: Geräuschbetrachtungen; Berechnungsverfahren zur Vorhersage der aerodynamischen Geräusche von Stellventilen. Dez. (2001)

173. DIN EN 60534-8-4: Stellventile für die Prozessregelung – Teil 8: Geräuschemission; Hauptabschnitt 4: Vorausberechnung für flüssigkeitsdurchströmte Stellventile. Apr. (1995)

174. Böhm, A., Hubert, M.: Geräuschminderung an Kühltürmen. Gemeinschaftstagung Akustik und Schwingungstechnik Berlin, S. 331–334. VDI, Düsseldorf (1970)

175. Bublitz, D.: Die Geräuschemission großer Rückkühlanlagen. Gemeinschaftstagung Akustik und Schwingungstechnik Berlin, S. 325–329. VDI, Düsseldorf (1970)

176. Böhm, A., Bublitz, D., Hubert, M.: Geräuschprobleme bei Rückkühlanlagen. Mitteilungen der VGB **51**, 235 (1971)

177. Hubert, M.: Geräusche fallender Wassertropfen. Gemeinschaftstagung Akustik und Schwingungstechnik Stuttgart, S. 410–413. VDE, Berlin (1972)

178. Riedel, E.: Geräusche aufprallender Wassertropfen. Dissertation TU-Berlin (1976)

179. Reinicke, W.: Über die Geräuschabstrahlung von Naturzug-Kühlern. TÜ 1975, Nr. 7/8 (1975)

180. Wirth, K.E.: Pneumatische Förderung – Grundlagen. In: Preprints Technik der Gas/Feststoff-Strömung, S. 157. VDI-Gesellschaft Verfahrenstechnik und Chemieingenieurswesen (1986)

181. Brauer, H.: Grundlagen der Einphasen- und Mehrphasenströmungen. In: Grundlagen der Chemischen Technik. Verlag Sauerländer, Aarau und Frankfurt am Main

182. Klinzing, G.E. et al.: Pneumatic Conveying of Solids. Kluwer (1997)

183. VDI 3732: Emissionskennwerte technischer Schallquellen, Fackeln, Feb. (1999)

184. VDI 3730: Emissionskennwerte technischer Schallquellen, Prozessöfen (Röhrenöfen), Aug. (1988)

185. Briffa, F.E.J., Clark, C.J., Williams, G.T.: Combustion noise. J. Inst. Fuel, 207 ff., (1973)

186. Beer, J.M., Gupta, A.K., Syred, N.: The reduction of noise emission from swirl combustors by staged combustion. Sheffield University Report (1973)

187. Putnam, A.A.: Combustion roar of seven industrial gas burners. J. Inst. Fuel, 135 ff., (1976)

188. Bertrand, C., Michelfelder, S.: Experimental investigation of noise generated by large turbulent diffusion flames. (Results obtained during the Ap-5-trials) IFRF Doc. nr. K 20/a/87 (1976)

189. Pauls, D, Günther, R.: The noise level of turbulent diffusion flames. In: 2. Symposium (European) on Combustion, Orleans, 426 ff., (1975)

190. Pauls, D.: Geräuschentstehung turbulenter Diffusionsflammen. Dissertation TH Karlsruhe (1977)

191. Mühle, C.: Geräuschuntersuchungen an einer Kreiselpumpe. DAGA, S. 323–326. VDI, Düsseldorf (1976)

192. Pauls, D., Stüber, B., Horns, H., Pröpster, A.: Messung, Berechnung und Verminderung der Schallabstrahlung von Bodenfackeln. Forschungsbericht 82-105-03-407/01 des Umweltbundesamtes. Dez. (1982)

193. Hantschk, C.-C., Schorer, E.: Flares – noise prediction and thermo-acoustic efficiency. In: AFRC-JFRC 2004 Joint International Combustion Symposium (2004)

194. Stüber, B., Lang, F.: Schalldämmmaße von Prozessofenwänden. DGMK-Projekt 313, Okt. (1983)

195. Crocco, L., Cheng, S.-I.: Theory of Combustion Instability in Liquid Propellant Rocket Motors. AGAR-Dograph, Bd. 8. Butterworth's Scientific Publications, London (1956)

196. Putnam, A.A.: Combustion Driven Oscillations in Industry. American Elsevier, New York (1971)

197. Richards, G.A., Janus, M.C.: Characterization of oscillations during premix gas turbine combustion.

Trans. ASME J. Eng. Gas Turbines Power **120**, 294–302 (1998)

198. Lieuwen, T., Zinn, B.T.: The role of equivalence ratio oscillations in driving combustion instabilities in low NO_x gas turbines. In: 27th Symposium (International) on combustion, The combustion institute, S. 1809–1816 (1998)

199. Sattelmayer, T.: Influence of the combustor aerodynamics on combustion instabilities from equivalence ratio fluctuations. The American Society of Mechanical Engineers. 2000 (2000-GT-0082). ASME-paper

200. Dressler, J.L.: Atomization of liquid cylinders, cones, and sheets by acoustically-driven, amplitude-dependent instabilities. In: International conference on liquid atomization and spray systems, S. 397–405. Institute for liquid atomization and spray systems. Gaithersburg (1991)

201. Schadow, K.C., Gutmark, E., Parr, T.P., Parr, D.M., Wilson, K.J., Crump, J.E.: Large-scale coherent structures as drivers of combustion instability. Combust. Sci. Tech. **64**, 167–186 (1989)

202. Büchner, H., Külsheimer, C.: Untersuchungen zum frequenzabhängigen Mischungs- und Reaktionsverhalten pulsierender, vorgemischter Drallflammen. Gas Wärme International **46**, 122–129 (1997)

203. Schimmer, H., Vortmeyer, D.: Acoustical oscillation in a combustion system with a flat flame. Combust. Flame **28**, 17–24 (1977)

204. Schimmer, H.: Selbsterregte akustische Schwingungen in Brennräumen mit flacher Flamme, Technische Universität München, Dissertation (1974)

205. Baron Rayleigh, J.W.S.: The explanation of certain acoustical phenomena. Nature **18**, 319–321 (1878)

206. Baron Rayleigh, J.W.S.: Theory of Sound, Bd. 2. 2. Aufl. Dover Publications, New York (1945)

207. Putnam, A.A., Dennis, W.R.: Burner oscillations of the gauze-tone type. J. Acoust. Soc. Am. **26**(5), 716–725 (1954)

208. Lawn, C.J.: Criteria for acoustic pressure oscillations to be driven by a diffusion flame. In: 19th Symposium (International) on combustion, The combustion institute, S. 237–244 (1982)

209. Lang, W.: Dynamik und Stabilität selbsterregter Verbrennungsschwingungen beim Auftreten mehrerer Frequenzen. Ein erweitertes Stabilitätskriterium. Technische Universität München, Dissertation, Juni (1986)

210. Hantschk, C.-C.: Numerische Simulation selbsterregter thermoakustischer Schwingungen. Fortschritt-Berichte, Reihe 6 (441), S. 441. VDI-Verlag, Düsseldorf (2000)

211. Tsujimoto, Y., Machii, N.: Numerical analysis of a pulse combustion burner. In: 21th Symposium (International) on combustion, The combustion institute, S. 539–546 (1986)

212. Lieuwen, T., Torres, H., Johnson, C., Zinn, B.T.: A mechanism of combustion instability in lean premixed gas turbine combustors. The American Society of Mechanical Engineers. 1999 (99-GT-3). ASME-paper (1999)

213. Krüger, U., Hüren, J., Hoffmann, S., Krebs, W., Bohn, D.: Prediction of thermoacoustic instabilities with focus on the dynamic flame behaviour for the 3A-series gas turbine of Siemens KWU. The American Society of Mechanical Engineers. 1999 (99-GT-111). ASME-paper (1999)

214. Hobson, D.E., Fackrell, J.E., Hewitt, G.: Combustion instabilities in industrial gas turbines – measurements on operating plant and thermoacoustic modelling. The American Society of Mechanical Engineers. (99-GT-110). ASME-paper, (1999)

215. Dowling, A.P.: The calculation of thermoacoustic oscillations. J. Sound Vib. **180**(4), 557–581 (1995)

216. Hantschk, C.-C., Vortmeyer, D.: Numerical simulation of self-excited combustion oscillations in a non-premixed burner. Combust. Sci. Tech. **174**(1), 189–204 (2002)

217. Hantschk, C.-C., Vortmeyer, D.: Numerical simulation of self-excited thermoacoustic instabilities in a Rijke tube. J. Sound Vib. **227**(3), 511–522 (1999)

218. Menon, S., Jou, W.-H.: Large-eddy simulations of combustion instability in an axisymmetric ramjet combustor. Combust. Sci. Tech. **75**, 53–72 (1991)

219. Smith, C.E., Leonard, A.D.: CFD modeling of combustion instability in premixed axisymmetric combustors. The American Society of Mechanical Engineers. (97-GT-305). ASME-paper, (1997)

220. Steele, R.C., Cowell, L.H., Cannon, S.M., Smith, C.E.: Passive control of combustion instability in lean premixed combustors. The American Society of Mechanical Engineers. (99-GT-52). ASME-paper, (1999)

221. Murota, T., Ohtsuka, M.: Large-eddy simulation of combustion oscillation in premixed combustor. The American Society of Mechanical Engineers. (99-GT-274). ASME-paper, (1999)

222. Gysling, D.L., Copeland, G.S.; McCormick, D.C., Proscia, W.M.: Combustion system damping augmentation with Helmholtz resonators. The American Society of Mechanical Engineers. (98-GT-268). ASME-paper, (1998)

223. Culick, F.E.C.: Combustion instabilities in liquid-fuelled propulsion systems – an overview. In: AGARD Conference Proceedings No. 450, Combustion instabilities in liquid-fuelled propulsion systems, Advisory group for aerospace research & Development, S. 1-1–1-73 (1988)

224. Seume, J.R., Vortmeyer, N., Krause, W., Hermann, J., Hantschk, C.-C., Zangl, P., Gleis, S., Vortmeyer, D., Orthmann, A.: Application of active combustion instability control to a heavy duty gas turbine. Trans. ASME, J. Eng. Gas Turbines Power **120**(4), 721–726 (1998)

225. Straub, D.L., Richards, G.A.: Effect of axial swirl vane location on combustion dynamics. The American Society of Mechanical Engineers. 1999 (99-GT-109). ASME-paper, (1999)

226. Bonn, DVGW., Büchner, H., Leuckel, W.: Verfahren und Vorrichtung zur Unterdrückung von Flammen-/ Druckschwingungen bei einer Feuerung. Deutsche und Europäische Patentanmeldungen. Offenlegungsschriften DE 195 26 369 A 1, DE 195 42 681 A 1 und 97100753.9. 1995, 1995, (1997)

227. Hermann, J.: Anregungsmechanismen und aktive Dämpfung (AIC) selbsterregter Verbrennungsschwingungen in Flüssigkraftstoffsystemen. Fortschritt-Berichte, Reihe 6 (364). VDI-Verlag, Düsseldorf (1997)

228. Candel, S.M.: Combustion instabilities coupled by pressure waves and their active control. In: 24th Symposium (International) on combustion, The combustion institute, S. 1277–1296 (1992)

229. McManus, K.R., Poinsot, T., Candel, S.M.: A review of active control of combustion instabilities. Prog. Energy Combust. Sci. 19, 1–29 (1993)

230. Hermann, J., Hantschk, C.-C., Zangl, P., Gleis, S., Vortmeyer, D., Orthmann, A., Seume, J.R., Vortmeyer, N., Krause, W.: Aktive Instabilitätskontrolle an einer 170 MW Gasturbine. In: VDI Berichte 1313 – 18.

231. Michael, P.L., Hogan, D.: Comparison of experimental and theoretical sound-attenuation values in a buried network of long pipes. J. Acoust. Soc. Am. 41, 593–596 (1967)

232. Stüber, B.: Schallabstrahlung von Quellen in der Nachbarschaft von starren Körpern. Gemeinschaftstagung Akustik und Schwingungstechnik Berlin, S. 231. VDI-Verlag, Düsseldorf (1971)

233. Kerschen, E.J., Johnston, J.P.: Modal contend of noise generated by a coaxial jet in a pipe. J. Sound Vib. 76, 95–115 (1981)

234. Michelsen, R., Stüber, B., Lang, F., Werner, M.: Ventilgeräusche bei hohen Differenzdrücken, Kohleschleusenventile. Anhang zum Forschungsbericht 84-105-03-102/01 des Umweltbundesamtes, Apr. (1984)

235. Higgins, B.: On the sound produced by a current of hydrogen gas passing through a tube. J. Nat. Philos. Chem. Arts 1, 129–131 (1802)

236. Cremer, L., Heckl, M.: Körperschall. Springer (1995)

Deutsch-Niederländischer Flammentag, S. 337–344 (1997)

Erratum zu: Strömungsgeräusche

Burkhard Stüber, Klaus R. Fritz, Carl-Christian Hantschk,
Stephan Heim, Herbert Nürnberger, Edwin Schorer und
Dieter Vortmeyer

Erratum zu:
G. Müller, M. Möser (Hrsg.), *Strömungsgeräusche*,
https://doi.org/10.1007/978-3-662-55438-8_22

Die Formel 90 auf Seite 47 war in der Originalversion fehlerhaft.
Die korrekte Formel lautet:

$$L_\mathrm{w} = 93 + 10 \lg\left(\frac{qc^2}{1\,\mathrm{W}}\right) \\ -10 \lg\left[1 + 6\left(\frac{P_2}{P_1-P_2}\right)^{2,5}\right]\,\mathrm{dB}. \tag{90}$$

Der Originalbeitrag wurde korrigiert.

Die aktualisierte Originalversion des Buches kann hier
abgerufen werden:
https://doi.org/10.1007/978-3-662-55438-8_22